O BIODIESEL DE BABAÇU E SEU POTENCIAL ENERGÉTICO

Catalogação na Fonte
Elaborado por: Josefina A. S. Guedes
Bibliotecária CRB 9/870

Santos, Joselene Ribeiro de Jesus
S237b O biodiesel de babaçu e seu potencial energético / Joselene Ribeiro de
2024 Jesus Santos. – 1. ed. – Curitiba: Appris, 2024.
109 p. ; 21 cm. – (Ensino de ciências).

Inclui referências.
ISBN 978-65-250-5686-9

1. Babaçu como combustível. 2. Biodiesel. 3. Sustentabilidade. 4. Análise térmica. I. Título. II. Série.

CDD – 662.8

Livro de acordo com a normalização técnica da ABNT

Appris editora

Editora e Livraria Appris Ltda.
Av. Manoel Ribas, 2265 – Mercês
Curitiba/PR – CEP: 80810-002
Tel. (41) 3156 - 4731
www.editoraappris.com.br

Printed in Brazil
Impresso no Brasil

Joselene Ribeiro de Jesus Santos
Kiany Sirley Brandão Cavalcante
Antônio Gouveia de Souza
Fernando Carvalho Silva

O BIODIESEL DE BABAÇU E SEU POTENCIAL ENERGÉTICO

FICHA TÉCNICA

EDITORIAL	Augusto Coelho Sara C. de Andrade Coelho
COMITÊ EDITORIAL	Marli Caetano Andréa Barbosa Gouveia - UFPR Edmeire C. Pereira - UFPR Iraneide da Silva - UFC Jacques de Lima Ferreira - UP
SUPERVISOR DA PRODUÇÃO	Renata Cristina Lopes Miccelli
ASSESSORIA EDITORIAL	Jibril Keddeh
REVISÃO	Simone Ceré
PRODUÇÃO EDITORIAL	Bruna Holmen
DIAGRAMAÇÃO	Andrezza Libel
CAPA	Eneo Lage

COMITÊ CIENTÍFICO DA COLEÇÃO ENSINO DE CIÊNCIAS

A meus pais, José de Jesus (in memorian) *e Maria Ribeiro, que sempre acreditaram que a educação é uma das forças poderosas e transformadoras de vidas!*

AGRADECIMENTOS

Os autores agradecem a parceria institucional entre a Universidade Federal do Maranhão (UFMA) e Universidade Federal da Paraíba (UFPB) que possibilitou a realização das análises físico-químicas, através da disponibilização de equipamentos laboratoriais e de seus corpos técnico-científicos possibilitando, consequentemente, o desenvolvimento desta obra.

APRESENTAÇÃO

A demanda crescente de energia em todo o planeta é um fato, e a busca por alternativas viáveis para suprir essa demanda se faz necessária, sobretudo com propostas de matrizes energéticas sustentáveis e pouco impactantes ao meio ambiente. É com essa visão que o livro *O biodiesel de babaçu e seu potencial energético* traz ao leitor o potencial do biodiesel produzido a partir do óleo de babaçu como alternativa de energia limpa e que pode contribuir positivamente com essa demanda energética.

As avaliações por técnicas físico-químicas de análises por termogravimetria – que é a perda de massa em razão de uma escala definida de aquecimento e de tempo – e da técnica de calorimetria exploratória diferencial que indica as variações entálpicas – que são perdas ou ganho de calor em atmosferas inertes de nitrogênio e oxidantes de oxigênio sofridos pelo biocombustível puro e nas suas composições binárias com o óleo diesel 5, 10, 15 e 20% – mostraram boa estabilidade química. Esses indicadores físico-químicos foram favoráveis e indicam para o biodiesel do óleo de coco de babaçu um grande potencial como matriz energética para um mundo ávido de energia limpa e sustentável.

Prof.ª Dr.ª Joselene Ribeiro de Jesus Santos

SUMÁRIO

CAPÍTULO 4

CAPÍTULO 5

CAPÍTULO 6

Capítulo 1

INTRODUÇÃO

A energia tem sido ao longo da história a base do desenvolvimento das civilizações. Atualmente, a demanda energética é cada vez maior, seja para atender as necessidades básicas, como produção de alimentos, bens de serviço e lazer; seja para suprir as necessidades de bens de consumo; seja finalmente para promover o desenvolvimento econômico, social e cultural de uma comunidade.

Preocupações relacionadas aos problemas ambientais, que são agravados pelo uso de "energia suja" e também pela crise mundial do petróleo, têm motivado a busca por fontes alternativas e "limpas" de energia.

Os óleos vegetais, como alternativa de combustíveis, começaram a ser estudados no final do século XIX por R. Diesel, sendo que estes eram utilizados "*in natura*", mas seu uso direto nos motores apresenta muitos problemas, como acúmulo de material oleoso nos bicos de injeção. A queima do óleo é incompleta, forma depósitos de carvão na câmara de combustão, o rendimento de potência é baixo e, como resultado da queima, libera acroleína (propenal), que é tóxica.

Várias alternativas têm sido consideradas para melhorar o uso dos óleos vegetais em motores do ciclo diesel, dentre elas pode-se destacar: microemulsão com metanol ou etanol, craqueamento catalítico e reação de transesterificação com álcoois de cadeia pequena (LIMA; SILVA; SILVA, 2007). Dentre essas alternativas, a reação de transesterificação tem sido a mais usada, visto que o processo é relativamente simples e o produto obtido (biodiesel) possui propriedades muito similares às do petrodiesel (GARDNER; KASI; ELLIS, 2004).

O biodiesel é uma alternativa interessante em relação aos combustíveis fósseis, porque o seu uso diminui significativamente a poluição atmosférica, devido à emissão de substâncias como CO_2,

SO_x e hidrocarbonetos aromáticos. Quanto ao aspecto social, o biodiesel abre oportunidades de geração de emprego no campo, valorizando o trabalhador rural e no setor industrial valoriza a mão de obra especializada.

No contexto mundial, os biocombustíveis vêm sendo testados em várias regiões do planeta. Países como Alemanha, França, Brasil, Argentina, Estados Unidos, Itália e Malásia já produzem e comercializam o biodiesel, inclusive adotando políticas para o seu desenvolvimento em escala industrial. O maior produtor e consumidor mundial de biodiesel é a Alemanha, responsável por 42% da produção mundial. A produção é realizada a partir do óleo de colza (SANTOS, 2008).

A França, os Estados Unidos e o Brasil já comercializam o biodiesel misturado ao diesel. Atualmente, os ônibus franceses consomem uma mistura com até 30%.

No Brasil, em dezembro de 2004, foi lançado o Programa Nacional de Produção e Uso do Biodiesel (PNPB), que tem como objetivo a produção economicamente viável de biodiesel e desenvolvimento regional com inclusão social. Esse programa, por meio da Lei n.º 11.097, de 13 de janeiro de 2005, introduz na matriz energética brasileira o uso de biocombustíveis derivados de óleos e gorduras. Nessa lei, foi prevista a adição de 2% de biodiesel ao diesel mineral (B2) até o começo de 2008; desde então o uso é obrigatório. Entre 2008 e 2013 seria possível usar misturas com até 5% (POUSA; SANTOS; SUAREZ, 2007). Entretanto, para suprir a demanda nacional de biodiesel nestas misturas, a produção de óleos vegetais deve crescer em 50%, pois o Brasil consome cerca de 3,5 bilhões de litros de óleo por ano (LIMA; SILVA; SILVA, 2007).

A grande extensão territorial do Brasil e os tipos de clima adequados, que favorecem a plantação de sementes oleaginosas, caracterizam o país com grande potencial para a exploração de biomassa para fins alimentícios, químicos e energéticos. Tem uma área estimada em 90 milhões de hectares (Figura 1.1) destinados à agricultura, e algumas culturas, como as de soja, milho, algodão, girassol, mamona, babaçu e palma, poderão ser exploradas para a produção deste biocombustível.

Dessa diversidade de matrizes oleaginosas são extraídos óleos com constituições químicas diferentes. Esse fato estimula estudos mais específicos de caracterização físico-química e de comportamento térmico e oxidativo do óleo utilizado e do biodiesel produzido. Isso evita problemas de funcionamento do motor e indica os procedimentos necessários para o armazenamento e o transporte adequados para o biocombustível.

Figura 1.1 – Produção de oleaginosas no Brasil

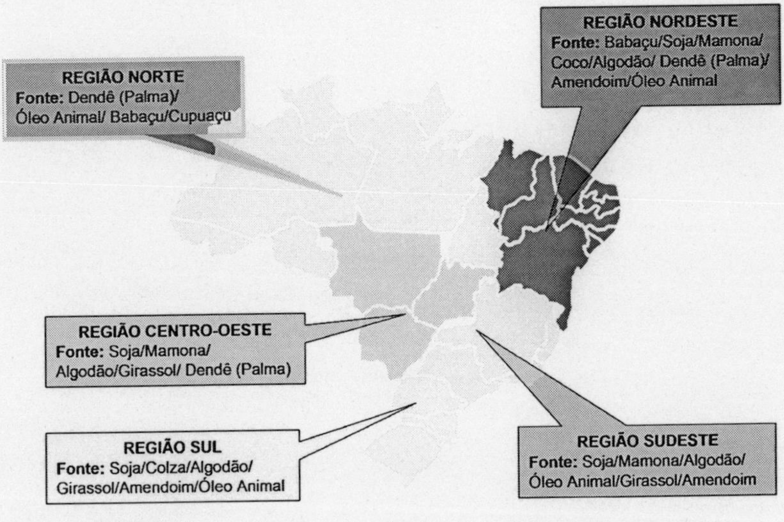

REGIÃO NORDESTE
Fonte: Babaçu/Soja/Mamona/ Coco/Algodão/ Dendê (Palma)/ Amendoim/Óleo Animal

REGIÃO NORTE
Fonte: Dendê (Palma)/ Óleo Animal/ Babaçu/Cupuaçu

REGIÃO CENTRO-OESTE
Fonte: Soja/Mamona/ Algodão/Girassol/ Dendê (Palma)

REGIÃO SUL
Fonte: Soja/Colza/Algodão/ Girassol/Amendoim/Óleo Animal

REGIÃO SUDESTE
Fonte: Soja/Mamona/Algodão/ Óleo Animal/Girassol/Amendoim

Fonte: ANP (2008)

O Nordeste brasileiro possui uma área com cerca de 12 milhões de hectares plantados com babaçu, sendo que a maior parte está concentrada no estado do Maranhão. Mensalmente, são extraídas em torno de 140.000 toneladas de amêndoas desses babaçuais. Contudo, o potencial do babaçu continua pouco explorado, sendo possível o aproveitamento econômico para a produção do carvão, óleo comestível, farinha, sabonetes, gás e lubrificantes.

Para fins de produção de biodiesel, o óleo de babaçu extraído das amêndoas, por ter composição predominante de triacilglicerídeos de ácidos láuricos, possui excelentes qualidades para a transesterificação devido à sua cadeia curta, que interage mais efetivamente com o agente transesterificante, obtendo-se um biodiesel com excelentes características físico-químicas (LIMA; SILVA; SILVA, 2007).

Considerando o aspecto de produção, bem como as características físico-químicas do óleo, o rendimento do biodiesel depende de inúmeros fatores, tais como: tipo de álcool, razão molar óleo:álcool, quantidade e tipo de catalisador e tempo de reação.

Diante da necessidade de mais informações sobre o biodiesel de babaçu, esta obra visa descrever o comportamento térmico e de estabilidade oxidativa do biodiesel obtido pelas rotas metílica e etílica, e suas misturas com o óleo diesel pelo uso de técnicas de análises térmicas rápidas e precisas, e comparar os resultados obtidos com os disponíveis na literatura e os estabelecidos pela Agência Nacional do Petróleo, Gás Natural e Biocombustíveis (ANP).

Capítulo 2

OBJETIVOS

2.1 Objetivo geral

Avaliar o comportamento térmico e oxidativo do biodiesel metílico e etílico de babaçu e de suas misturas binárias com o óleo diesel nas proporções 5, 10, 15 e 20% pela utilização de técnicas de análises térmicas rápidas e precisas, e comparar os resultados obtidos com as especificações do biodiesel puro (B-100) dadas pela ANP.

2.2 Objetivos específicos

- Determinar as características físico-químicas do óleo de babaçu, empregando as normas SMAOFD e ASTM.
- Avaliar a qualidade do biodiesel metílico e etílico de babaçu puro, segundo os parâmetros contidos na Resolução n.º 7/2008, empregando as normas ASTM e ABNT indicadas pela ANP.
- Avaliar o comportamento térmico das amostras de biodiesel metílico e etílico de babaçu puro e de suas misturas com diesel nas proporções 5, 10, 15 e 20% por meio das técnicas de Termogravimetria (TG), Calorimetria Exploratória Diferencial (DSC) e Calorimetria Exploratória Diferencial com Temperatura Modulada (TMDSC).
- Avaliar os comportamentos oxidativos das amostras de biodiesel metílico e etílico de babaçu puro pela técnica de Calorimetria Exploratória Diferencial Pressurizada (P-DSC) e pela especificação da ANP, segundo a norma oficial europeia de determinação da estabilidade oxidativa DIN EN 14112 (Rancimat).

Capítulo 3

FUNDAMENTAÇÃO TEÓRICA

3.1 Óleos e gorduras

Óleos e gorduras são definidos como substâncias hidrofóbicas de origem animal, vegetal ou microbiana formadas predominantemente pela esterificação do glicerol com ácidos graxos (ácidos carboxílicos de cadeia longa), sendo comumente chamados de triacilglicerídeos.

Os óleos são líquidos, e as gorduras são sólidas à temperatura ambiente. Essa diferença física está relacionada com a proporção das cadeias de ácidos graxos presentes nas moléculas de triacilglicerídeos. Os óleos são formados principalmente por ácidos graxos insaturados, enquanto as gorduras por ácidos graxos saturados (MORETTO; FETT, 1998). A Tabela 3.1, apresenta os principais ácidos graxos insaturados presentes em óleos e gorduras.

Tabela 3.1 – Principais ácidos graxos insaturados de óleos e gorduras

ESTRUTURA DOS ÁCIDOS GRAXOS	NOMENCLATURA (TRIVIAL/SISTEMÁTICA)
Monoinsaturados	
I.	ácido miristoleico/ (9Z)-ácido tetradecenoico
II.	ácido palmitoleico/ (9Z)-ácido hexadecanoico
III.	ácido oleico/ (9Z)-ácido octadecenoico

ESTRUTURA DOS ÁCIDOS GRAXOS	NOMENCLATURA (TRIVIAL/SISTEMÁTICA)
Poli-insaturados	
IV.	ácido linoleico/ (9Z,12Z)-ácido octadecadienoico
V.	ácido α-linolênico/ (9Z,12Z,15Z)-ácido octadecatrienoico
VI.	ácido γ-linolênico/ (6Z,9Z,12Z)-ácido octadecatrienoico
VII.	ácido aracdônico/ (5Z,8Z,11Z,14Z)-ácido eicosatetraenoico

Fonte: os autores

Os ácidos graxos diferem entre si basicamente pelo comprimento da cadeia carbônica e pelo número e localização das insaturações, frequentemente assumindo configuração do tipo cis (Z). A configuração cis da ligação dupla confere à cadeia do ácido graxo uma rigidez estrutural que influencia na sua organização molecular com a redução de suas forças intermoleculares atrativas. Por isso, os ácidos graxos insaturados possuem pontos de fusão menores que os observados para seus análogos saturados (BRUICE, 2006).

3.2 Estabilidade oxidativa de óleos e gorduras

Óleos e gorduras são substâncias vulneráveis ao processo de oxidação. A resistência do óleo ou da gordura aos processos oxidativos determina a sua estabilidade oxidativa.

Define-se estabilidade oxidativa como a resistência da amostra à oxidação e é expressa pelo período de indução, que é o tempo dado em horas entre o início da medição e o aumento brusco na formação dos produtos de oxidação. Trata-se de um parâmetro utilizado para avaliar a qualidade de óleos e gorduras e não depende apenas da composição química, mas também reflete as condições de manuseio, processamento e estocagem do produto (GARCÍA-MESA; CASTRO; VALCÁRCEL, 1993).

As alterações mais frequentes em óleos e gorduras ocorrem principalmente por processos bioquímicos e/ou químicos. Os processos bioquímicos dependem da umidade, da atividade enzimática e da presença de microrganismos; e os químicos, também chamados de auto-oxidação e foto-oxidação, ocorrem com a intervenção do oxigênio (SMOUSE, 1995).

Dentre os processos oxidativos, o de auto-oxidação é o mais comum, e, conforme mostrado na Figura 3.1, envolve uma reação em cadeia com as etapas de iniciação, propagação e terminação (RAMALHO; JORGE, 2006).

Figura 3.1 – Esquema geral do mecanismo da oxidação lipídica

Iniciação: $RH \rightarrow R^\bullet + H^\bullet$

Propagação:

$R^\bullet + O_2 \rightarrow ROO^\bullet$

$ROO^\bullet + RH \rightarrow ROOH + R^\bullet$

Término:

$ROO^\bullet + R^\bullet \rightarrow ROOR$

$ROO^\bullet + ROO^\bullet \rightarrow ROOR + O_2$

$R^\bullet + R^\bullet \rightarrow RR$

} Produtos Estáveis

onde: RH - Ácido graxo insaturado; $R^\bullet$ - Radical livre; $ROO^\bullet$ - Radical peróxido e ROOH - Hidroperóxido

Fonte: Ramalho; Jorge (2006)

Na iniciação ocorre a formação do radical livre carbônico do óleo ou da gordura, ela é estimulada pela presença de substâncias ou espécies iniciadoras, tais como, luz, calor ou traços de metais. Na propagação, o radical livre carbônico reage com o oxigênio do ar, desencadeando efetivamente o processo oxidativo. Nessa etapa ocorre a formação dos produtos primários, os peróxidos e os hidroperóxidos. Na última etapa, a terminação, os radicais livres originam os produtos secundários de oxidação, tais como epóxidos, compostos voláteis e não voláteis, os quais são obtidos por cisão e rearranjo dos hidroperóxidos.

As razões para a auto-oxidação estão relacionadas à presença de ligações duplas nas cadeias carbônicas dos óleos e gorduras. A rapidez do processo auto-oxidativo depende principalmente do número e da posição das ligações duplas, cadeias carbônicas poli-insaturadas como as que constituem alguns ácidos graxos de ocorrência natural, tais como o linoleico (ligações duplas em C-9 e em C-12) e o linolênico (ligações duplas em C-9, C-12 e em C-15), são mais susceptíveis à oxidação. As posições CH_2-alílicas e bis-alílicas em relação às duplas, presentes nas cadeias dos ácidos graxos, são mais sujeitas a oxidação. Esse fato deve-se a razões mecanísticas para a estabilização do radical livre formado durante o processo, conforme mostrado esquematicamente na Figura 3.2 (KNOTHE, 2005).

Figura 3.2 – Estabilização dos radicais livres alílicos e formação dos hidroperóxidos

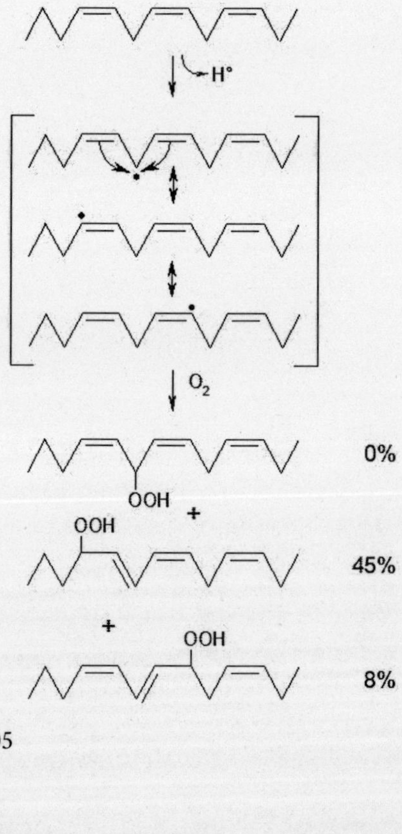

Fonte: Knothe, 2005

Os produtos primários de oxidação são os hidroperóxidos e estes, por meio de outras reações subsequentes, dão origem aos produtos secundários de oxidação, que são substâncias tais como aldeídos, cetonas, ácidos carboxílicos, ésteres e até polímeros pequenos como dímeros, trímeros e tetrâmeros.

3.3 O babaçu

O babaçu é um coco de aproximadamente 8 a 15 cm de comprimento com uma composição física conforme descrita e ilustrada na Figura 3.3.

- **Externa** → fibrosa (epicarpo).
- **Intermediária** → fibrosa-amilácea (mesocarpo).
- **Interna** → lenhosa (endocarpo), na qual estão inseridas as amêndoas.

Figura 3.3 – Tamanho e composição médios de frutos do babaçu

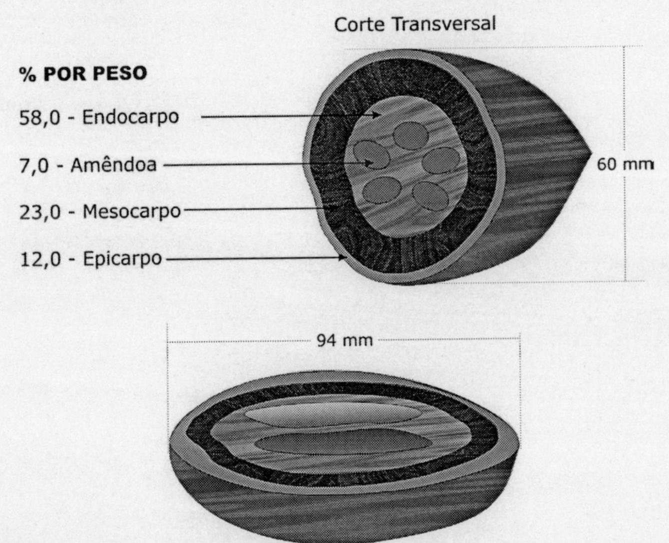

Fonte: May (1990)

As amêndoas correspondem de 6 a 8% do peso do coco integral e estão envoltas por um tegumento castanho, sendo separadas umas das outras por paredes divisórias. Pesam, em média, de 3 a 4 g, e contêm entre 60 e 68% de óleo, podendo alcançar 72% em condições mais favoráveis de crescimento da palmeira. As amêndoas secas ao ar contêm aproximadamente 4% de umidade, sem que esse teor interfira na qualidade do óleo, e têm sido o componente do fruto mais intensivamente utilizado (SOLER; MUTO; VITALI, 2007).

No ano de 2006, 117.150 toneladas de amêndoas de babaçu foram coletadas. O estado do Maranhão concentrou 94,2% da produção nacional. Conforme é visto na Tabela 3.2, os dez maiores municípios produtores, todos maranhenses, detêm 34,7% da produção nacional. O primeiro produtor é o de Vargem Grande, com uma colheita de 6.499 toneladas, equivalente a 5,5% da produção nacional (IBGE, 2006).

Tabela 3.2 – Quantidade produzida e participações relativas e acumulada de babaçu (amêndoa), dos dez maiores municípios produtores, em ordem decrescente - 2006

Dez maiores municípios Produtores	**Babaçu (amêndoa)**		
	Quantidade Produzida (t)	**Participações (%)**	
		Relativa	**Acumulada**
Maranhão/Brasil	**117.150**	**100,0**	-
Vargem Grande	6.499	5,5	5,5
Pedreiras	5.511	4,7	10,3
Poção de Pedras	4.635	4,0	14,2
Chapadinha	4.395	3,8	18,0
Bacabal	3.827	3,3	21,2
Codó	3.525	3,0	24,2
Bom Lugar	3.509	3,0	27,2
São Luís Gonzaga do Maranhão	3.283	2,8	30,0
Lago da Pedra	2.806	2,4	32,4
Coroatá	2.668	2,3	34,7

Fonte: IBGE (2006)

O óleo de babaçu, como todo óleo vegetal, é formado predominantemente da condensação entre o glicerol e ácidos graxos, formando ésteres que são denominados triacilglicerídeos. Os ácidos graxos que ocorrem com maior frequência na natureza são conhecidos pelos seus nomes comuns, como os ácidos butírico, cáprico, láurico, mirístico, palmítico, esteárico e araquídico, entre os saturados, e oleico, linoleico, linolênico e araquidônico, entre os insaturados (MORETTO; FETT, 1998).

3.3.1 Composição química do óleo de babaçu

O óleo de babaçu é constituído por ácidos graxos saturados e insaturados, conforme ilustra a Tabela 3.3 (ANVISA, 1999). Nele o ácido láurico (C 12:0) é predominante. Esse fato parece facilitar a reação de transesterificação, pois os ácidos láuricos possuem cadeias carbônicas curtas que permitem uma interação mais efetiva com o agente transesterificante, de modo que se obtém um produto com excelentes características físico-químicas, inclusive quando na transesterificação é utilizado um catalisador heterogêneo (LIMA; SILVA; SILVA, 2007).

Tabela 3.3 – Composição química do óleo de babaçu

Ácidos Graxos		Composição (%)
C 8:0	Ácido Cáprico	2,6 – 7,3
C 10:0	Ácido Caprílico	1,2 – 7,6
C 12:0	Ácido Láurico	40 – 55
C 14:0	Ácido Mirístico	11 – 27
C 16:0	Ácido Palmítico	5,2 – 11
C 18:0	Ácido Esteárico	1,8 – 7,4
C 18:1	Ácido Oleico	9,0 – 2,0
C 18:2	Ácido Linoleico	1,4 – 6,6

Fonte: ANVISA (1999)

Conforme dados da ANVISA, o óleo de babaçu apresenta as seguintes propriedades físico-químicas apresentadas na Tabela 3.4.

Tabela 3.4 – Propriedades físico-químicas do óleo de babaçu

Propriedades	Limites
Índice de refração	1,448 – 1,451
Densidade relativa, 40 °C / 25 °C	0,911 – 0,914
Índice de iodo (Wijs)	10 – 18
Matéria insaponificável, g / 100 g	Máximo 1,2%
Acidez / g de ácido oleico / 100 g	0,3% (óleo clarificado) 5,0% (óleo bruto)
Índice de peróxido, meq/kg	Máximo 10

Fonte: ANVISA (1999)

No Brasil, não existe um órgão que regulamenta o padrão de qualidade de óleos e gorduras para a produção de biodiesel. Entretanto, para esta finalidade, adotam-se normas de órgãos internacionais, tais como ISO, SMAOFD, AOCS, e da ABNT.

As análises laboratoriais utilizadas rotineiramente para a verificação do estado de conservação de óleos e gorduras incluem a determinação de características químicas como: índice de acidez, teor de ácidos graxos livres, umidade, índice de saponificação, índice de peróxido e índice de iodo.

Informações da literatura sobre a viabilidade econômica para a produção de energia a partir dos recursos da biomassa disponíveis no Brasil apontam o babaçu como uma possível fonte sustentável de biomassa para a geração de biocombustíveis (TEIXEIRA, 2005; TEIXEIRA; CARVALHO, 2007).

As principais transformações químicas de óleos, gorduras ou ácidos graxos, em espécies que possam ser usadas como biocombustíveis, estão ilustradas na Figura 3.4.

Figura 3.4 – Obtenção de biocombustíveis a partir de ácidos graxos e triacilglicerídeos

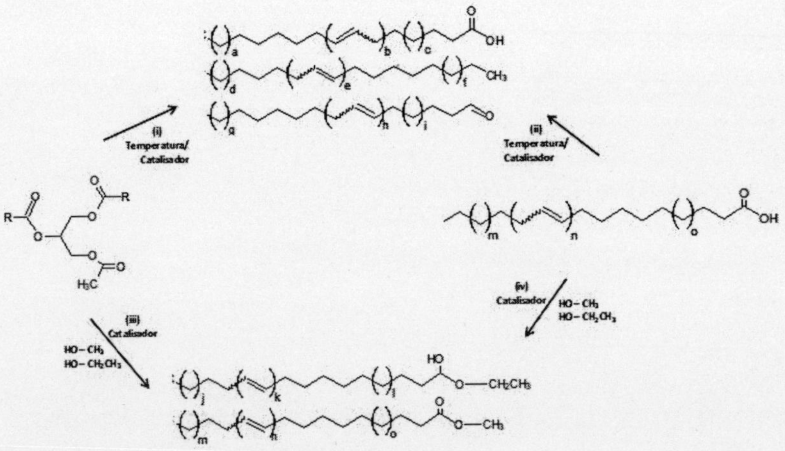

Fonte: Suarez, Meneghetti e Meneghetti (2007)

O processo de craqueamento ou pirólise de óleos, gorduras ou ácidos graxos, ilustrado de forma genérica nas reações (i) e (ii), ocorre em temperaturas acima de 350 °C, na presença ou ausência de catalisador. Nesta reação, a quebra das moléculas leva à formação de uma mistura de hidrocarbonetos e compostos oxigenados, lineares ou cíclicos, tais como alcanos, alcenos, cetonas, ácidos carboxílicos e aldeídos, além de monóxido e dióxido de carbono e água. A segunda rota para transformar triacilglicerídeos em combustível é a transesterificação, ilustrada na reação (iii), que envolve a reação destes com monoálcoois de cadeias curtas em presença de um catalisador, dando origem a monoésteres de ácidos graxos. Outra rota é conhecida por esterificação (reação (iv)), na qual um ácido graxo reage com um monoálcool de cadeia curta, também na presença de catalisador, dando origem a monoésteres de ácidos graxos (SUAREZ; MENEGHETTI; MENEGHETTI, 2007).

3.4 O biodiesel

De acordo com a Resolução 7/2008 da ANP, a reação para a obtenção do biodiesel pode ser a reação de transesterificação dos triacilglicerídeos. Essa reação tem como produto uma mistura de mono-alquil ésteres.

3.4.1 Definições e considerações gerais

Segundo a Lei n.º 11.097/2005, classifica-se como biodiesel qualquer "Biocombustível derivado de biomassa renovável para uso em motores a combustão interna com ignição por compressão ou, conforme regulamento para geração de outro tipo de energia, que possa substituir parcial ou totalmente combustível de origem fóssil".

A substituição do diesel de petróleo pelo biodiesel resultará numa qualidade do ar significativamente melhor, visto que a utilização do biodiesel possibilita: a) redução das emissões de particulados, fumaça preta e fuligem; b) redução das emissões de monóxido de carbono; c) redução da quantidade de hidrocarbonetos não queimados; d) redução das emissões de hidrocarbonetos aromáticos policíclicos; e) redução da quantidade de óxidos de enxofre (MDCI, 1985). A utilização de etanol na produção do biodiesel lhe confere a característica de 100% verde, pois o etanol apresenta baixa toxidade. No Brasil, um dos maiores produtores de etanol do mundo, estimulam-se estudos de seu uso em substituição ao metanol (DANTAS *et al.*, 2007)

Além do mais, o potencial do biodiesel reside nos seguintes fatos: o Brasil apresenta uma grande diversidade de matérias-primas oleaginosas e as unidades industriais empregadas para o processo de transesterificação têm grande flexibilidade em termos de dimensões, com pequena ou nenhuma necessidade de modificação. Portanto, é possível que esse combustível renovável se adapte às peculiaridades regionais do país e seja desenvolvido em programas não excludentes, sob os pontos de vista social e regional.

O uso do biodiesel como combustível terá um importante papel nas políticas governamentais, não só na área social e ambiental como na econômica, tendo em vista as vantagens que este combustível poderá desenvolver na atividade econômica do país, como: criação de emprego e geração de renda no campo com o desenvolvimento da agroindústria do biodiesel; fixação das famílias no campo com o fortalecimento sustentável da agricultura local e familiar; uso de terras inadequadas para a produção de alimentos; diminuição da dependência externa de petróleo e derivados com reflexos positivos na balança comercial; fomento à indústria nacional de bens e serviços; e sedimentação da tecnologia de produção agrícola e industrial. No Brasil, o Ministério de Desenvolvimento Agrário, com fins de promover a inclusão social e o desenvolvimento dos trabalhadores rurais, criou e regulamentou o selo combustível social a produtores e projetos de produção de biodiesel. Este selo é concedido a produtores que adquirem parte das matérias-primas da agricultura familiar, e como contrapartida o produtor ganha o direito de ter benefícios nas políticas públicas voltadas para o setor, tais como o acesso livre de participação nos leilões de biodiesel.

No entanto, discutem-se alguns aspectos negativos da produção dessa forma de energia alternativa. Entre esses aspectos estão o risco da falta e a elevação dos preços dos alimentos. De fato, isso pode ser um problema para países pequenos em extensão territorial e situados em regiões com condições de clima e solo adversas. No contexto mundial, o Brasil ocupa uma situação privilegiada de extensão territorial, de diversidade de plantas oleaginosas e de condições de clima e solo para agricultura. Isso, aliado a programas governamentais, possibilita a produção de biodiesel no país sem que haja a ameaça da falta de alimentos.

Iniciativas como o projeto de Lei n.º 3.508/08 estabelecem a obrigatoriedade de, para cada hectare de terra utilizado na produção de biodiesel, destinar outro **à** produção de alimentos. Isso visa preservar o equilíbrio entre as ofertas de alimentos e energia originada da biomassa.

3.4.2 Especificação

No Brasil, o biodiesel é regulamentado pela ANP. A determinação das características físico-químicas é feita conforme as normas nacionais da NBR e da ABNT, e as normas internacionais da ASTM, da ISO e do CEN. A Tabela 3.5 apresenta a especificação do biodiesel B100, segundo a Resolução ANP n.º 7/2008, que é exigida para que o produto seja utilizado no mercado brasileiro, com os seus respectivos limites de contaminantes e os métodos que devem ser empregados no seu controle de qualidade.

Tabela 3.5 – Especificação do Biodiesel (B-100)

CARACTERÍSTICA	UNIDADE	LIMITE	MÉTODO ABNT NBR	MÉTODO ASTM D	MÉTODO EN/ISO
Aspecto	-	LII (1)			
Massa específica a 20 °C	kg/m³	850-900	7148 14065	1298 4052	EN ISO 3675 EN ISO 12185
Viscosidade cinemática a 40 °C	mm²/s	3,0-6,0	10441	445	EN ISO 3104
Teor de água, máx. (2)	mg/kg	500	-	6304	EN ISSO 12937
Contaminação total, máx.	mg/kg	24	-	-	EN ISSO 12662
Ponto de fulgor, min. (3)	°C	100,0	14598	93	EN ISO 3679
Teor de éster, min	% massa	96,5	15342 (4) (5)	-	EN 14103
Resíduo de carbono (6)	% massa	0,050	-	4530	-
Cinzas sulfatadas, máx.	% massa	0,020	6294	874	EN ISO 3987
Enxofre total, máx.	mg/kg	50	- -	5453	EN ISSO 20846 EN ISO 20884

CARACTERÍSTICA	UNIDADE	LIMITE	MÉTODO		
Aspecto	-	LII (1)	ABNT NBR	ASTM D	EN/ISO
Sódio + Potássio, máx.	mg/kg	5	15554 15555 15553 15556	-	EN 14108 EN 14109 EN 14538
Cálcio + Magnésio, máx.	mg/kg	5	15553 15556	-	EN 14538
Fósforo, máx.	mg/kg	10	15553	4951	EN 14107
Corrosividade ao Cu, 3h a 50 °C, máx.	-	1	14359	130	EN ISO 2160
Número de Cetano (7)	-	Anotar	-	613 6890 (8)	EN ISO 5165
Ponto de entupimento de filtro a frio, máx.	ºC	19 (9)	14747	6371	EN 116
Índice de acidez, máx.	mg KOH/g	0,50	14448	664	EN 14104 (10)
Glicerol livre, máx.	% massa	0,02	15341 (5)	6584 (10)	EN 14105 (10) EN 14106 (10)
Glicerol total, máx.	% massa	0,25	15344 (5)	6584 (10)	EN 14105 (10)
Mono, di, triacilglicerol (7)	% massa	Anotar	15342 (5) 15344 (5)	6584 (10)	EN 14105 (10)
Metanol ou etanol, máx.	% massa	0,20	15343	-	EN 14110
Índice de iodo (7)	g/100g	Anotar	-	-	EN 14111
Estabilidade à oxidação a 110 °C, min. (2)	H	6	-	-	EN 14112 (10)

Fonte: ANP (2008)

3.4.3 Etapas do processo de produção do biodiesel

O processo de produção de biodiesel constitui-se das seguintes etapas: preparação da matéria-prima, reação de transesterificação, separação de fases, recuperação e desumidificação do álcool e purificação do biodiesel. A transesterificação é um dos métodos mais empregados, visto que utiliza baixas temperaturas e tem como agentes transesterificantes, álcoois comuns, como etanol e metanol. Isso diminui os custos e viabiliza o processo.

3.4.4 Reação de transesterificação

A transesterificação de óleos vegetais é uma sequência de três reações reversíveis e consecutivas, onde cada etapa produz uma molécula de éster alquílico de ácido graxo, sendo o mono- e diacilglicerídeos os intermediários da reação, e o glicerol, também chamado de glicerina, o subproduto. A Figura 3.5 ilustra as etapas da transesterificação de um triacilglicerídeo com metanol, também conhecida por metanólise.

Figura 3.5 – Reação de metanólise de um triacilglicerídeo

$$\begin{matrix} R{-}C(=O){-}O{-}CH_2 \\ R{-}C(=O){-}O{-}CH \\ R{-}C(=O){-}O{-}CH_2 \end{matrix} + 3CH_3OH \underset{}{\overset{CATAL.}{\rightleftharpoons}} 3R{-}C(=O){-}O{-}CH_3 + \begin{matrix} CH_2OH \\ CHOH \\ CH_2OH \end{matrix}$$

ÓLEO VEGETAL | METANOL | ESTER METÍLICO | GLICERINA

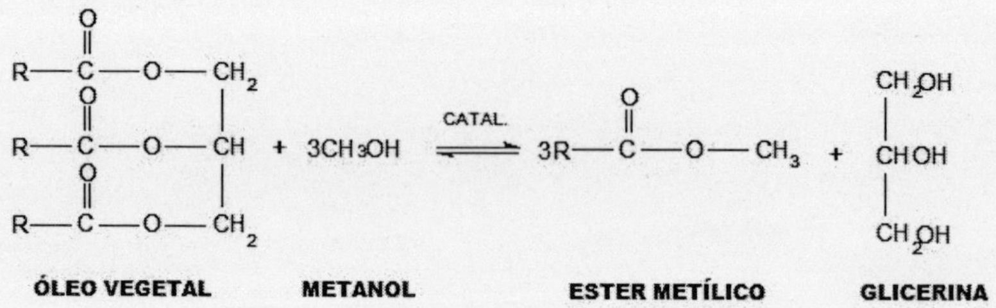

Fonte: os autores

3.4.5 Fatores que influenciam a reação de transesterificação

Os principais fatores que influenciam a reação de transesterificação são: tipo de óleo, tipo de álcool, razão molar óleo:álcool, quantidade e tipo de catalisador, e tempo de reação.

Dentre os álcoois comumente utilizados, destaca-se o metanol e o etanol. O metanol é obtido de gás natural ou extraído do petróleo, sendo assim não renovável. O etanol é um álcool considerado 100% verde, mas a produção dos ésteres etílicos é um pouco mais complexa que a dos ésteres metílicos, exigindo maiores quantidades de álcool, mais etapas e uso de equipamentos como centrífugas específicas e otimizadas para uma boa separação da glicerina dos ésteres. Algumas vantagens e desvantagens do uso de metanol e etanol na transesterificação de óleos são mostradas na Tabela 3.6.

Tabela 3.6 – Vantagens e desvantagens do uso de metanol e etanol na transesterificação de óleos

VANTAGENS	DESVANTAGENS
Metanol	
Requer menor quantidade.	É feito de gás natural ou extraído do petróleo.
Melhor purificação dos ésteres metílicos por decantação e lavagens.	É mais tóxico que o etanol.
Melhor recuperação de excessos residuais do álcool por destilação.	
Etanol	
É 100% verde (obtido da biomassa).	Requer maior quantidade.
Maior oferta desse álcool no Brasil.	A produção dos ésteres é mais complexa e exige um maior número de etapas.
Sua produção pode favorecer a integração social.	Difícil recuperação dos excessos residuais do álcool devido a azeotropia da mistura etanol-água.

Fonte: Melo (2012)

A seguir são mostradas algumas divulgações sobre a produção de biodiesel. Na transesterificação metílica do óleo de babaçu foram reportados os melhores resultados em teor de ésteres quando a reação se processa com excesso de metanol. De fato, devido à reversibilidade da reação que estequiometricamente requer 1 mol de triacilglicerídeo para 3 mols de metanol, faz-se necessário o excesso do álcool para que os equilíbrios das etapas da reação sejam deslocados para a produção de ésteres. A Figura 3.6 ilustra o efeito da variação do volume de metanol com relação a 100 g do óleo de babaçu e 2% de KOH (BRANDÃO *et al.*, 2006).

Figura 3.6 – Efeito da relação Óleo:MeOH no teor de ésteres na produção do biodiesel metílico de babaçu

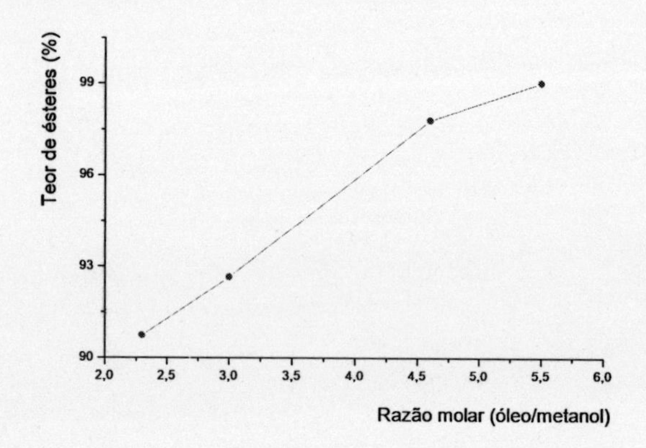

Fonte: Brandão *et al.* (2006)

Já no caso da transesterificação etílica do óleo de babaçu, o rendimento em teor de ésteres é maior quando é utilizada uma razão molar óleo:etanol superior a 1:9 (LACERDA *et al.*, 2005). O aumento da quantidade de álcool tende a compensar um provável bloqueio estérico do mecanismo da reação, visto que o íon etóxido é maior que o íon metóxido da transterificação metílica.

Outras variáveis a serem avaliadas para essa reação são o tipo e a quantidade de catalisador. A catálise homogênea em meio alcalino é a rota tecnológica predominante, no meio industrial para a produção de biodiesel, devido a sua rapidez e facilidade que tornam esta opção economicamente viável (MA; HANNA, 1999; ZAGONEL; RAMOS, 2001).

Os catalisadores alcalinos são mais utilizados que os ácidos, porque as reações catalisadas por ácidos requerem maiores quantidades de álcool, tempos reacionais elevados e temperatura em torno de 70 ºC. Os catalisadores básicos mais usados são os hidróxidos de sódio e de potássio. A quantidade de catalisador adicionada é extremamente importante, pois, dependendo da sua origem e do estado de conservação do óleo, boa parte da substância pode ser consumida por ácidos graxos livres, desfavorecendo a transesterificação com a formação de sabão.

Conforme Lima, Silva e Silva (2007), a transesterificação alcalina do óleo de babaçu produziu respectivamente 71,8% e 62,2% de biodiesel metílico e etílico de babaçu puro. Esses valores baixos de rendimento foram atribuídos à formação de sabão e perdas de biodiesel durante às etapas de purificação (lavagens).

Alguns estudos foram realizados utilizando catalisadores heterogêneos, tais como os complexos de estanho, chumbo e zinco, na transesterificação de diversos óleos vegetais. Os óleos de babaçu e soja apresentaram maiores rendimentos na reação. Estes estudos concluíram que, devido a fatores estéricos, a atividade catalítica foi mais efetiva em óleos vegetais constituídos em grande parte por triacilglicerídeos de cadeia curta ou com elevado grau de insaturação (PETER *et al.*, 2002; ABREU *et al.*, 2004; BARBOSA *et al.*, 2005; SUAREZ; MENEGHETTI; MENEGHETTI, 2007).

O tempo de reação é outra variável importante, pois a transesterificação é um processo reversível e o equilíbrio reacional pode acontecer em tempos variáveis.

Brandão *et al.* (2006) e Lacerda *et al.* (2005) observaram que no processo de produção de biodiesel metílico e etílico de babaçu, considerando a razão óleo:álcool e teor de catalisador constante, não foram verificadas variações significativas no teor de ésteres em tempos reacionais superiores a 60 minutos. A Figura 3.7 ilustra a influência do tempo de reação no teor de ésteres na produção do biodiesel metílico de babaçu.

Figura 3.7 – Efeito do tempo de reação no teor de ésteres na produção do biodiesel metílico de babaçu

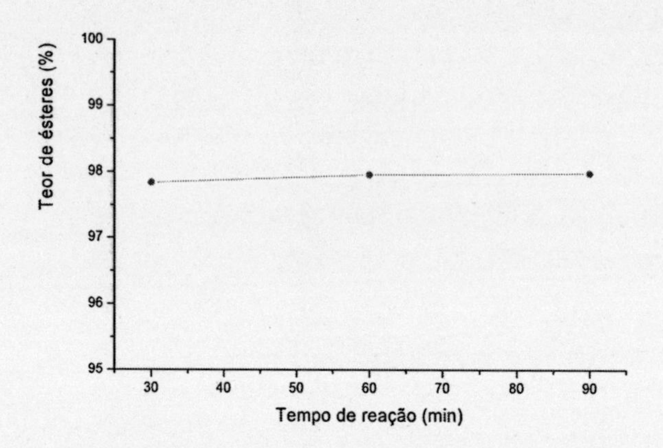

Fonte: Brandão *et al.* (2006)

Além dessas variáveis, destacam-se ainda outros fatores importantes, tais como a umidade e o teor de ácidos graxos livres.

A presença de umidade provoca a hidrólise dos ésteres monoalquílicos na transesterificação e os ácidos carboxílicos, produtos da hidrólise, reagem com o catalisador alcalino formando sabão. O rendimento da transesterificação etílica em meio alcalino (2 % de NaOH) cai de 95,8 % para 73,2 % quando a concentração de água é alterada de 0,15 % para 0,66 % (BRANDÃO *et al.*, 2006).

Na catálise ácida, o teor elevado de ácidos graxos livres é uma alternativa interessante para a obtenção de ésteres monoalquílicos. Entretanto, na catálise básica, um teor elevado desses ácidos no óleo leva à produção de sabão e água, o que diminui consideravelmente o rendimento da reação principal para níveis inferiores a 90%, principalmente quando a concentração de ácidos graxos livres é superior a 5%.

As substâncias não transesterificantes presentes no óleo, quando em teores maiores que 2%, afetam a qualidade do biocombustível, contribuindo para o depósito de materiais em bicos injetores, aumento da viscosidade e, consequentemente, aumento da capacidade de cristalização do biodiesel a baixas temperaturas (PARENTE, 2003).

Para fins de praticidade e economia de recursos a reação de transesterificação metílica do óleo de babaçu deverá ser realizada à temperatura em torno de 25 °C, visto que não foi observada variação significativa do efeito da temperatura sobre o rendimento do biodiesel.

3.4.6 Estabilidade oxidativa do biodiesel

O biodiesel, por ser um combustível derivado de óleos e gorduras, também está sujeito a oxidação. Fatores como longos tempos de armazenamento, exposição ao calor e ao ar, presença de traços de metais e peróxidos podem favorecer processos oxidativos e afetar a qualidade do biodiesel.

A estabilidade oxidativa do biodiesel, conforme discutido no item 3.2, depende notadamente das proporções diferentes de ácidos graxos saturados e insaturados presentes nos óleos e gorduras vegetais utilizados na transesterificação. Ácidos graxos saturados são mais estáveis que os insaturados; a presença de insaturações favorece processos oxidativos (KNOTHE, 2005; EYCHENNE; MOULOUNGUI; GASET, 1998).

Para avaliar a estabilidade oxidativa do biodiesel são utilizados testes de oxidação acelerada. Dentre eles, o método do Rancimat é o oficial e baseia-se na metodologia do ensaio acelerado proposto inicialmente por Hadorn e Zurcher (ANTONIASSI, 2001).

Outro teste que está sendo utilizado é o método petroOXY, que se baseia no consumo de oxigênio pela amostra, quando esta é aquecida a uma temperatura de 120 °C sobre pressão de 700 kPa. O ensaio considera o tempo necessário para uma queda de pressão total de 10% e obtém-se o OIT pela curva pressão x tempo (GALVÃO, 2007).

Entretanto, a Norma Europeia EN 14112 estabelece que a estabilidade oxidativa do biodiesel seja determinada pelo método do Rancimat a uma temperatura de 110 °C, com a exigência de um tempo mínimo de análise de 6 horas para o aparecimento dos produtos primários de oxidação. As técnicas de análises térmicas, tais como termogravimetria, calorimetria exploratória diferencial e calorimetria exploratória diferencial pressurizada, têm sido utilizadas amplamente para estabelecer parâmetros de comparação em análises de oxidação de outras substâncias, tais como lubrificantes sintéticos e óleos de aviação (SHARMA; STIPANOVIC, 2003).

Como o biodiesel pode ser obtido de várias matrizes oleaginosas, o conhecimento sobre a estabilidade oxidativa é importante para estabelecer condições adequadas de armazenamento e transporte para o produto.

O esquema básico de funcionamento do Rancimat, conforme ilustrado na Figura 3.8, consiste na passagem de fluxo de ar através da amostra mantida sob aquecimento constante, que para o biodiesel é 110 °C por um período mínimo de 6 horas.

Figura 3.8 – Esquema básico de funcionamento do Rancimat para o teste de oxidação acelerada

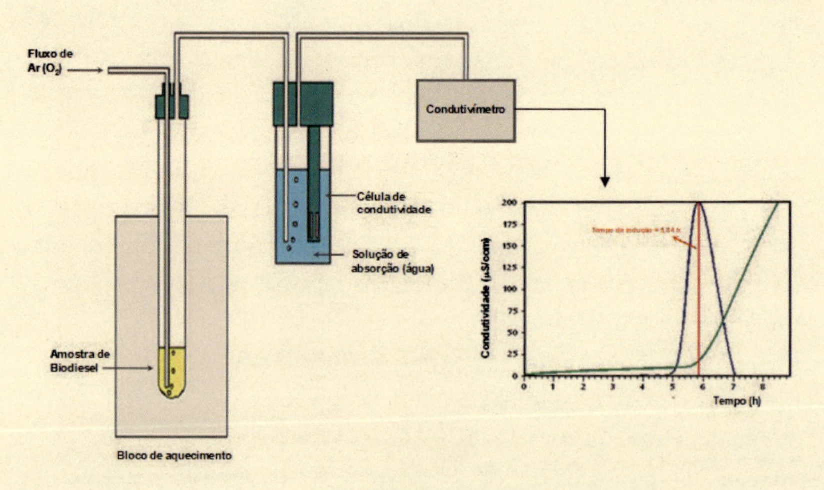

Fonte: adaptado de Pullen e Khizer (2012)

Após passado pela amostra, o ar é recebido e lavado em água deionizada, que é monitorada continuamente por um condutivímetro durante o teste. Os produtos de oxidação são solubilizados, e a perda da estabilidade oxidativa da amostra se manifesta no momento em que ocorre um aumento da condutividade elétrica na água. Os compostos dissolvidos na água podem ser identificados por técnicas complementares, como, por exemplo, cromatografia gasosa. O teste do Rancimat é um dos métodos mais utilizados para estabelecer prognósticos sobre a estabilidade oxidativa de óleos e de biodiesel, porém necessita de maiores quantidades de amostras, de ar e requer tempos maiores para a realização das análises que o P-DSC e petroOXY.

3.5 Análise térmica

3.5.1 Definição

Segundo o Comitê de Nomenclatura da Confederação Internacional de Análises Térmicas (ICTAC), o termo "análises térmicas" abrange um conjunto de técnicas nas quais uma propriedade física ou química de uma substância, ou de seus produtos de reação é monitorada em função do tempo ou da temperatura, enquanto a temperatura da amostra, sob uma atmosfera específica, é submetida a uma programação controlada.

3.5.2 Histórico

Alguns registros mostram a utilização de análises térmicas como termoanalíticos. No século XIV estudos termogravimétricos já eram utilizados no processo de refinamento do ouro. Em 1963 a termogravimetria alcançou o seu apogeu com Duval, que estudou a estabilidade térmica de vários precipitados e desenvolveu a automatização da técnica. Sabe-se ainda que termobalanças foram construídas no início do século XIX por Nerst e Riesenfeld (1903), Brill (1905), Truchot (1907), Urbain e Boulanger (1912). Outras técnicas, tais como a Análise Térmica Diferencial (DTA) e a Calorimetria Exploratória Diferencial (DSC), também já eram utilizadas no século XIX. Em 1887 essas técnicas analíticas foram empregadas na mineralogia para a identificação de argilas por Lê Chatelier (WENDHAUSEN; RODRIGUES; MARCHETTO, 2004).

Em tempos mais recentes, com o desenvolvimento tecnológico, foi possível a criação de instrumentos automatizados controlados por microprocessadores. Esses novos equipamentos ainda podem ser acoplados a outros, tais como espectrômetro de massa, cromatógrafo e infravermelho, o que permite realizar análises rápidas e precisas. Esses equipamentos são capazes de fornecer informações rápidas e precisas sobre o comportamento térmico de substâncias orgânicas e inorgânicas, tais como combustíveis, polímeros, argilas cerâmicas, fármacos e solo (LIMA; SILVA; SILVA, 2007).

Dentre as técnicas termoanalíticas mais utilizadas, destacam-se a Termogravimetria (TG), Termogravimetria Derivada (DTG), Análise Térmica Diferencial (DTA), Calorimetria Exploratória Diferencial (DSC), Análise Mecânica Térmica (TMA) e Análise Mecânica Dinâmica (DMA).

3.6 Alguns métodos de análises térmicas

3.6.1 Termogravimetria

A Termogravimetria (TG) é uma das técnicas de análise térmica em que as variações de massa da amostra (ganho ou perda) são monitoradas como uma função da temperatura e/ou tempo, enquanto esta é submetida a um programa controlado de temperatura, sob uma atmosfera especificada (HALLWALKAR; MA, 1990; FELSNER; MATOS, 1998).

A avaliação de massa de uma amostra é resultante de uma transformação física (sublimação, evaporação, condensação) ou química, como a degradação, decomposição e oxidação (MOTHÉ; AZEVEDO, 2002). Essa variação de massa é acompanhada utilizando-se uma termobalança.

A termobalança consiste na combinação de uma microbalança eletrônica adequada com um forno e um programador linear de temperatura, permitindo a pesagem contínua da amostra em função da temperatura, à medida que a amostra é aquecida ou resfriada (SKOOG; HOLLER; NIEMAN, 1998).

A partir da curva TG, pode-se obter a curva DTG, que consiste na derivada da TG. A DTG mostra os dados de uma maneira mais fácil de visualizar o ponto inicial e final da decomposição. Como exemplos de aplicação de DTG, pode-se citar cálculos de variações de massa em reações sobrepostas, distinção de eventos térmicos quando estes são comparados com as informações de DTA, análise quantitativa por medida da altura do pico e distinção de reações sobrepostas.

Os métodos termogravimétricos classificam-se em dinâmico, isotérmico e quase isotérmico. No método dinâmico a perda de massa é continuamente registrada à medida que a temperatura aumenta, este método é o mais geral. No método isotérmico o registro da variação de massa da amostra é feito variando-se o tempo, e mantendo-se a temperatura constante. Este método é muito difundido em trabalhos de cinética química. No método quase isotérmico, a partir do momento em que começa a perda de massa da amostra ($\Delta m \neq 0$), a temperatura é mantida constante até que a massa se estabilize novamente ($\Delta m = 0$), nesse momento recomeça-se o aquecimento, e assim esse procedimento pode ser efetuado em cada etapa da decomposição térmica. A Figura 3.9 ilustra o padrão típico das curvas que são obtidas nos principais métodos termogravimétricos: dinâmicos (a), isotérmico (b) e quase isotérmico (c).

Figura 3.9 – Curvas típicas dos principais métodos termogravimétricos

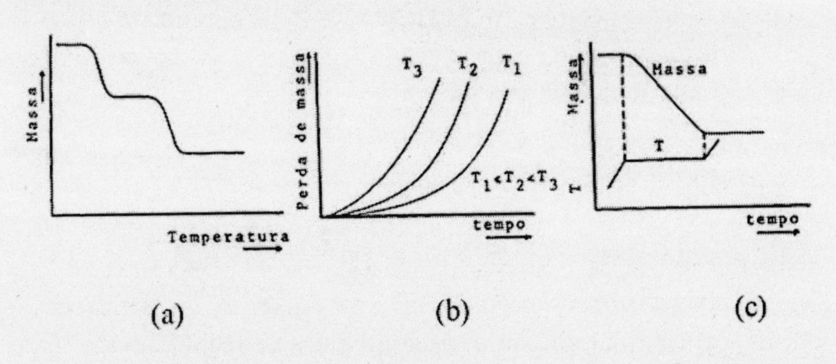

Fonte: Dantas, Souza e Conceição (2006)

3.6.2 Calorimetria Exploratória Diferencial (DSC)

A técnica de DSC mede a diferença de energia liberada ou fornecida entre a amostra e um material de referência inerte termicamente, enquanto a amostra e a referência são submetidas a uma programação de temperatura. O equipamento utilizado nesta técnica foi denominado Calorímetro Exploratório Diferencial.

O DSC mede as variações de energia térmica para manter em equilíbrio as temperaturas da amostra e do material de referência, durante o evento térmico. As transições entálpicas endotérmicas e exotérmicas ocorrem devido às mudanças de estados físicos (fusão, ebulição, sublimação e vaporização) ou às reações químicas, tais como: desidratação, dissociação, decomposição, oxidação e redução. Em geral, fusão, vaporização e redução produzem efeitos endotérmicos, enquanto cristalização, oxidação e algumas reações de decomposição produzem efeitos exotérmicos.

Estudos de eventos térmicos, tais como comportamento de fusão e cristalização, cinética de reações, calor específico, identificação e determinação quantitativa de substâncias, são exemplos de aplicações da técnica de DSC.

3.6.3 Calorimetria Exploratória Diferencial Pressurizada (P-DSC)

A estabilidade oxidativa de uma substância é definida como a sua capacidade de resistir à oxidação. Esta resistência é expressa pelo período de indução que é o tempo em horas entre o início da medição e o aparecimento dos produtos primários de oxidação (ANTONIASSI, 2001).

A P-DSC é uma variação da DSC, e mede a liberação de energia da reação de oxidação de uma amostra quando esta é submetida a uma programação de temperatura e pressão (DUNN, 2006).

O uso da pressão permite trabalhar em temperaturas baixas. A P-DSC utiliza pouca quantidade de amostra e é realizada em tempo relativamente curto, demonstrando ser eficaz, de alta reprodutibilidade e versátil, sendo fundamental para a determinação e o acompanhamento de processos oxidativos dados por outras técnicas, tais como: teste de oxidação acelerada, que possibilita a determinação do tempo de indução oxidativa (OIT); espectrometrias de Ressonância Magnética Nuclear e de Infravermelho, que possibilitam a identificação dessas degradações (CANDEIA *et al.*, 2007).

O OIT, em horas, é dado pelo início da medição até o início da oxidação da amostra, onde se observa elevada liberação de energia em relação à linha de base que mede o fluxo de calor. A P-DSC pode ser aplicada em várias áreas, tais como: indústrias farmacêutica, química, petroquímica, de plásticos e gêneros alimentícios (GALVÃO, 2007).

3.6.4 Calorimetria Exploratória Diferencial com Temperatura Modulada (TMDSC)

A técnica de TMDSC é uma modificação da DSC convencional, porém com informações sobre as características reversíveis e não reversíveis dos eventos térmicos. Essas informações complementares possibilitam ao pesquisador obter detalhes sobre características moleculares e físico-químicas da amostra. Dessa forma, o equipamento possui a mesma estrutura da célula do DSC convencional, sendo diferenciado pelo perfil da temperatura diferencial (aquecimento/resfriamento) aplicada à amostra e à referência via forno.

3.6.5 Estudos de análise térmica do óleo vegetal e do biodiesel

Vários estudos sobre o comportamento cinético e a estabilidade térmica e oxidativa de óleos vegetais e do biodiesel, conforme mostrados a seguir, têm sido realizados por TG, DTA e DSC.

Nas análises termogravimétricas do óleo de babaçu *in natura*, Lima, Silva e Silva (2007) observaram uma única etapa de decomposição, com perda de massa de 96,46% em 397,26 °C. Esse perfil de decomposição foi atribuído a uma única substância ou a uma mistura de substâncias com pequenas diferenças de massas moleculares. Através das curvas TG/DTG do óleo de babaçu, feitas em atmosferas de nitrogênio e na razão de aquecimento de 10 °C. min^{-1}, observaram que a perda de massa ocorre em duas etapas, a 180 °C e 440 °C. Essas perdas de massa foram atribuídas à decomposição e carbonização do óleo. As informações das curvas DTA evidenciaram a vaporização do óleo a 192 °C e a 402 °C.

Souza *et al.* (2007), em seus estudos, avaliaram os perfis termogravimétricos do óleo e do biodiesel de algodão e concluíram que o óleo foi estável até 314 °C, o biodiesel metílico até 127 °C e o biodiesel etílico até 122 °C. Também concluíram que no processo de decomposição térmica há formação de compostos intermediários.

Na avaliação do comportamento térmico do óleo de araticum, Faria *et al.* (2007) observaram, por meio das curvas TG/DTG, perda de massa entre 320 e 478 °C referentes à decomposição e carbonização do material. Um pico endotérmico em 419 °C observado nas curvas DTA foi atribuído às reações sucessivas de perda de massa do óleo de araticum (SHEN; ALEXANDER, 1999).

No estudo para a avaliação da estabilidade térmica do óleo e do biodiesel metílico de mamona, foi observado que as curvas TG/DTG do óleo apresentaram três etapas de perda de massa nos intervalos de temperatura de 221 a 395, 395 a 482 e 482 a 573 °C, com respectivas perdas de massa de 56, 31 e 12%. Essa decomposição foi atribuída sobretudo ao ácido ricinoleico, constituinte majoritário do óleo. Os dados de DSC indicam três transições exotérmicas conferidas ao processo de combustão com picos de temperaturas de 347, 434 e 541 °C, com entalpias de 2041,6 e 1314 Jg^{-1}, respectivamente (CONCEIÇÃO *et al.*, 2007).

Para o biodiesel metílico e mamona, as curvas TG/DTG ilustram duas etapas de degradação nos intervalos de temperatura de 151 a 297 e 297 a 382 °C com respectivas perdas de massa de 93 e 4% atribuídas à decomposição e/ou à vaporização do ricinoleato de metila. As curvas de DSC apresentam três transições exotérmicas com picos de temperaturas de 200, 331 e 443 °C e respectivas entalpias de 17, 249 e 117 $J.g^{-1}$ atribuídas ao processo de combustão dos ésteres metílicos. No tratamento do biodiesel a temperatura constante de 210 °C por 48 horas, foram observados sedimentos insolúveis que sugeriram serem produtos de polimerização oxidativa de hidroperóxidos.

Para o biodiesel metílico de pequi, as informações de TG/DTG e DSC indicam baixa estabilidade térmica com apenas uma etapa de perda de massa no intervalo de 112,94 a 294,82 °C, a qual é atribuída à decomposição dos ésteres metílicos (NASCIMENTO *et al.*, 2007).

No estudo termogravimétrico das amostras de biodiesel metílico e etílico de babaçu, Lima, Silva e Silva (2007) observaram um comportamento térmico similar em termos de percentuais de perda de massa e em faixa de temperatura de decomposição. Os percentuais de perda de massa de 96,06% e 89,69%, nas temperaturas de 218,29 °C e 379,63 °C para o biodiesel metílico e 235,47 a 388,46 °C para o biodiesel etílico, são atribuídos à decomposição das misturas de ésteres metílicos e etílicos derivados de ácidos graxos de cadeias carbônicas de oito a dezoito átomos de carbono, que fazem parte da constituição química do óleo de babaçu (YUAN; HANSEN; ZHANG, 2005).

Capítulo 4

PERCURSOS DA PESQUISA

A primeira etapa da pesquisa consistiu na caracterização físico-química do óleo de babaçu, produção, caracterização e análise cromatográfica gasosa do biodiesel metílico e etílico de babaçu, desenvolvida no núcleo de biodiesel da Universidade Federal do Maranhão (UFMA). A segunda etapa foi desenvolvida no Laboratório de Combustíveis da Universidade Federal da Paraíba (UFPB) e consistiu no estudo térmico do óleo de babaçu, do biodiesel e das misturas biodiesel/diesel. As análises para avaliar a estabilidade oxidativa do biodiesel pelo teste de Rancimat consistiram na terceira etapa e foram realizadas no Instituto de Oleoquímica da Universidade Federal do Pará (UFPA).

4.1 Análise físico-química do óleo de babaçu

A análise físico-química do óleo seguiu as normas internacionais do SMAOFD e da ASTM. As propriedades utilizadas na especificação do óleo e os respectivos métodos são mostrados a seguir na Tabela 4.1.

Tabela 4.1 – Propriedade e métodos para especificação do óleo de babaçu

Propriedades	Métodos
Índice de Acidez (mg KOH/g óleo)	SMAOFD 2.201
Índice de Saponificação (mg KOH/g óleo)	SMAOFD 2.202
Percentual dos ácidos graxos	SMAOFD 2.301
Matéria insaponificável (%)	SMAOFD 2.401
Índice de peróxido (%)	SMAOFD 2.501

Propriedades	Métodos
Umidade e matéria volátil (%)	SMAOFD 2.602
Índice de iodo (%)	SMAOFD 2.505
Viscosidade cinemática a 40 °C (mm^2/s)	ASTM D 445
Massa específica a 20 °C (kg/m^3)	ASTM D 4052

Fonte: os autores

4.1.1 Índice de acidez, mg KOH/g óleo

A conservação do óleo é indicada pelo índice de acidez, que é definida como a massa de hidróxido de potássio (KOH) necessária para neutralizar os ácidos livres de 1 g da amostra.

Este método consiste em analisar uma quantidade conhecida de óleo com uma mistura de etanol e éter etílico, seguido de titulação de ácido graxo livre com solução etanólica de KOH.

$$IA = \frac{56{,}1 x V x N x f}{m} \quad \text{(Equação 1)}$$

Onde IA é o índice de acidez; V é o volume, em mL, da solução de KOH; N é a normalidade da solução de KOH usada; f é o fator de correção da solução de KOH; e m é a massa, em g, da amostra.

4.1.2 Índice de saponificação, mg KOH/g óleo

O índice de saponificação é definido como o número de mg de KOH necessário para neutralizar os ácidos graxos, resultantes da hidrólise de 1 g da amostra. É uma indicação da quantidade relativa de ácidos graxos de alto e baixo peso molecular, pois é inversamente proporcional ao peso molecular médio dos ácidos graxos dos glicerídeos presentes.

O método consiste em aquecer a amostra em banho-maria com solução alcoólica de KOH em refluxo, por 1 hora. Adicionar o indicador, fenolftaleína, e titular o excesso de soda com ácido clorídrico padronizado.

$$IS = \frac{E_{q-g} \, x \, (V_2 - V_1) \, x \, N \, x \, f}{m} \quad \text{(Equação 2)}$$

Onde IS é o índice de saponificação; E_{q-g} *é o equivalente grama do KOH;* V_1 é o volume, em mL, da solução de HCl, usada no teste em branco; V_2 é o volume, em mL, da solução de HCl, usada no teste com o óleo; N é a normalidade da solução de HCl usada; f é o fator de correção da solução de HCl; e m *é a massa, em g, da amostra.*

4.1.3 Percentual dos ácidos graxos, %

O método consiste em preparar ésteres metílicos de ácidos graxos a partir de óleos vegetais ou de gordura animal, através de uma metanólise de glicerídeos em meio alcalino.

Após a metanólise, determina-se o percentual de ésteres metílicos de ácidos graxos, por Cromatografia Gasosa, através de um Cromatógrafo a gás, marca VARIAN, modelo CP-3800, acoplado a um detector de ionização em chama (CG-DIC) e uma coluna capilar de sílica fundida VARIAN (5% fenil e 95% dimetilpolisiloxano) com dimensões de 30 m x 0,25 mm d.i. e 0,25 μm de espessura do filme sob as seguintes condições cromatográficas:

- **Volume injetado:** 1,0 μL
- **Injetor de divisão de fluxo:** 1:50
- **Temperatura do injetor:** 290 °C
- **Gás de Arraste:** Hélio (99,95 %)
- **Fluxo da coluna:** 1,2 mL/min

- **Programação da temperatura do forno:** 150 °C/1 min; de 150 a 240 °C (10 °C/min) e 240 °C por 2 min; de 240 a 300 °C (15°C/min^{-1}) e 300 °C por 5 min
- **Temperatura do detector:** 300 °C

O percentual de ácidos graxos é obtido pela equação a seguir, que converte o teor de ésteres em ácidos graxos.

$$AcidosGraxos\,(\%) = \frac{PM_{ac.graxo}}{PM_{ester}}\, x\; \acute{E}ster(\%) \qquad \text{(Equação 3)}$$

Onde Ácidos Graxos (%) é o percentual do ácido graxo, $PM_{ac.\,graxo}$ é o peso molecular do ácido graxo, $PM_{éster}$ é o peso molecular do respectivo éster e Éster (%) é o percentual do éster.

4.1.4 Matéria insaponificável, %

Neste método é determinado o material que depois da saponificação com hidróxido alcalino do óleo é extraído por solvente específico, nesse caso o éter etílico, permanecendo não volátil em torno de 80 °C.

O cálculo da quantidade da matéria insaponificável no óleo vegetal é feito pela equação:

$$MI(\%) = \frac{(m_1 - 0{,}28\,x\,V\,x\,N\,x\,f)\,x\,100}{m} \qquad \text{(Equação 4)}$$

Onde MI é o percentual da matéria insaponificável, m é a massa da amostra, m_1 é a massa do resíduo seco, V é o volume da solução de hidróxido de potássio, N é a concentração da solução de KOH e f é o fator de correção da solução de KOH.

4.1.5 Índice de peróxido, %

A determinação do índice de peróxido (IP) é uma medida do conteúdo de oxigênio reativo em termos de miliequivalentes de oxigênio por 1 kg de óleo ou gordura. O IP é determinado dissolvendo-se um peso de gordura em uma solução de ácido acético-clorofórmio, adicionando-se iodeto de potássio e titulando o iodo liberado com solução padrão e tiossulfato de sódio ($Na_2S_2O_3$), usando amido como indicador. O resultado é expresso como equivalente de peróxido por 100 g de amostra, seguindo a seguinte Equação:

$$IP = \frac{(V_2 - V_1) x N x f}{m} x100 \qquad \text{(Equação 5)}$$

Onde IP é o índice de peróxido, V_1 é o volume (mL) da solução de $Na_2S_2O_3$ usada no teste em branco, V_2 é o volume (mL) da solução de $Na_2S_2O_3$ usada no teste com o óleo, N é a normalidade da solução de $Na_2S_2O_3$ usada, f é o fator de correção da solução de $Na_2S_2O_3$ e m é a massa, em g, da amostra.

4.1.6 Umidade e matéria volátil, %

O método determina teor de umidade e matéria volátil em óleo e gordura, através do aquecimento da porção teste a 103 °C, por várias etapas até que a substância volátil seja completamente eliminada. A umidade é responsável pela diminuição da energia, por causa do aumento da concentração de ácidos graxos livres, e é recomendável que seja menor do que 1% o conteúdo de umidade.

A umidade da amostra é calculada por pesagem, aquecimento, perda de peso e é determinada através da seguinte Equação:

$$U(\%) = \frac{(m - m_1) x 100}{m} \qquad \text{(Equação 6)}$$

Onde U é o percentual de umidade e matéria volátil, m é a massa da amostra inicial e m_1 é a massa da amostra final.

4.1.7 Índice de iodo, gramas de iodo/100 g de óleo

O índice de iodo determinado por cálculo aplica-se à análise de Triacilglicerídeos e de ácidos graxos livres e seus produtos hidrogenados. Este método determina o índice de iodo de óleos comestíveis diretamente da composição de ácidos graxos instaurados obtidos a partir da análise por cromatografia em fase gasosa.

O índice de iodo (gramas de iodo/100 g de óleo) foi calculado de acordo com a Equação:

$$I = \frac{(B - A) \times f \times 1{,}27}{m} \quad \text{(Equação 7)}$$

Em que B é n.º de mL de solução de tiossulfato de sódio 0,1 mol/L gasto na titulação do branco, A é o n.º de mL de solução de tiossulfato de sódio 0,1 mol/L gasto na titulação da amostra, f é o fator da solução de tiossulfato de sódio 0,1 mol/L, m é a massa da amostra em gramas e 1,27 é centiequivalente do iodo.

Segundo Cecchi (2003), esta determinação é importante para a classificação de óleos e gorduras e para o controle de alguns processamentos. Para cada óleo existe um intervalo característico do valor do índice de iodo; cujo valor também está relacionado com o método empregado em sua determinação, geralmente pelo método de Hubl, Wijs, que é utilizado em laboratórios oficiais de vários países, enquanto o método de Hanus é utilizado em laboratórios de indústrias e nas análises para fins comerciais.

4.1.8. Viscosidade cinemática a 40 °C, mm²/s

Este método de teste é um procedimento para determinação da viscosidade cinemática de produtos líquidos, tanto transparentes quanto opacos, pela medição do tempo de um volume de líquido fluindo sob gravidade através de um viscosímetro capilar de vidro calibrado. A viscosidade dinâmica pode ser obtida pela multiplicação da viscosidade cinemática, medida pela densidade do líquido.

O método consiste em medir o tempo de um volume de líquido fluindo, sob gravidade, através do viscosímetro Cannon-Fenske em banho termostático a 40 °C. Para calcular a viscosidade das amostras, usa-se a seguinte equação:

$$\nu = K(t - \vartheta) \quad \text{(Equação 8)}$$

Onde ν é a viscosidade cinemática, K é a constante capilar, t é o tempo e ϑ é o fator de correção.

4.1.9 Massa específica a 20 °C, Kg/m³

Densidade é a massa por unidade de volume a uma temperatura especificada. Densidade relativa ou massa específica é a razão da densidade de um material a uma temperatura estabelecida e da densidade da água a uma temperatura estabelecida.

Este método cobre a determinação da densidade ou densidade relativa de destilados de petróleo e óleos viscosos que podem ser manuseados normalmente como líquidos à temperatura de teste entre 15 e 35 °C. Ele consiste em introduzir um pequeno volume (aproximadamente 0.7 mL) de amostra líquida dentro de um tubo de amostra oscilante e a mudança na frequência de oscilação causada pela mudança na massa do tubo é usada em conjunto com o dado de calibração para determinar a densidade da amostra.

4.2 Obtenção do biodiesel de babaçu

Para a reação de transesterificação utilizou-se: Óleo de babaçu clarificado fornecido pela empresa Oleaginosas Maranhenses (OLEAMA); Metanol (Merck P.A., pureza 99,8 %); Etanol (Merck P.A., pureza 99,8 %); Hidróxido de Potássio (Merck P.A., pureza 84,5 %).

Figura 4.1 – Fluxograma do processo de produção do biodiesel

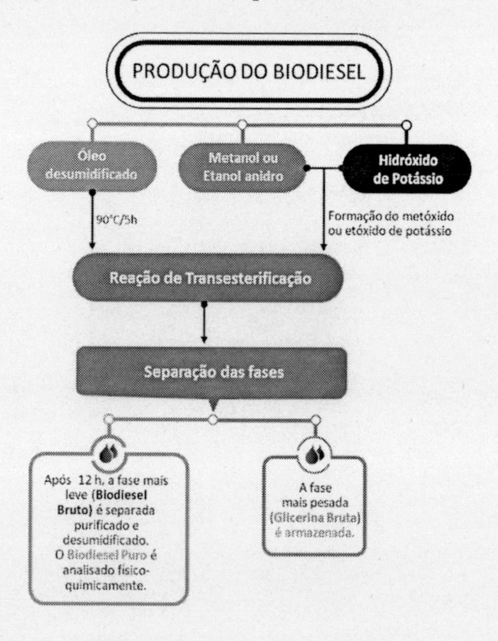

Fonte: os autores

A síntese do biodiesel metílico e/ou etílico, a partir da utilização do óleo de babaçu clarificado consiste em geral na realização das principais etapas: a) desumidificação do óleo; b) obtenção do íon alcóxido (reagente de transesterificação) através mistura do álcool com o catalisador, KOH; c) agitação da mistura do óleo e reagente de transesterificação; d) separação das fases biodiesel e glicerina; purificação através de sucessivas lavagens com solução aquosa de ácido clorídrico a 1% e água; e) desumidificação do biodiesel. A Figura 4.1 apresenta as etapas do processo de obtenção do biodiesel.

As Figuras 4.2(a) e 4.2(b) ilustram, respectivamente, a decantação da mistura biodiesel/glicerina e lavagem do biodiesel.

Figura 4.2 – (a) Processo de decantação e (b) Lavagem do biodiesel

Fonte: os autores

4.3 Preparação das misturas biodiesel/diesel

As misturas biodiesel com diesel mineral metropolitano (S-500) foram obtidas nas percentagens volumétricas de 5% (B5), 10% (B10), 15% (B15) e 20% (B20) de incorporação do biodiesel ao diesel mineral.

4.4 Obtenção do rendimento da reação

4.4.1 Determinação do rendimento do biodiesel puro

A determinação do rendimento da reação de transesterificação do óleo de babaçu foi realizada a partir do rendimento de biodiesel em massa (m) e do teor de ésteres (E). A pureza do biodiesel em teor de ésteres foi obtida pelo somatório percentual de todos os ésteres metílicos ou etílicos, dependendo da rota a ser realizada, obtidos por análise cromatográfica (CG/DIC).

O rendimento percentual do biodiesel puro, dado por R (%), é obtido pela Equação 9.

$$R(\%) = \frac{m_{biod} \times MM_{óleo} \times E}{m_{óleo} \times MM_{biod}} \times 100 \quad \text{(Equação 9)}$$

Onde:

m_{biod} = massa do biodiesel purificado

$MM_{óleo}$ = massa molar do óleo de babaçu

E = pureza do biodiesel em teor de ésteres

$m_{óleo}$ = massa do óleo

MM_{biod} = Massa Molar média do biodiesel

4.5 Análises físico-químicas do biodiesel metílico e etílico de babaçu e suas misturas

A caracterização físico-química das amostras de biodiesel metílico e etílico de babaçu (B100) e das misturas biodiesel/diesel, nas proporções 5% (B5), 10% (B10), 15% (B15) e 20% (B20), foi feita de acordo com as normas internacionais ASTM, ISO, CEN e nacionais da ABNT, conforme a resolução número 07/2008 da ANP. A Tabela 4.2 apresenta os métodos utilizados para especificação do biodiesel e misturas.

Tabela 4.2 – Propriedades e métodos para a especificação do biodiesel e misturas

Propriedades	Métodos
Viscosidade cinemática (mm^2/s) a 40 °C	ASTM D 445
Massa específica a 20 °C (kg/m^3)	ASTM D 4052
Ponto de fulgor (°C)	ASTM D 93

Propriedades	Métodos
Resíduo de carbono (% massa), máx.	ASTM D 4530
Enxofre total (% massa), máx.	ASTM D 4294
Corrosividade ao cobre	ASTM D 130
Estabilidade oxidativa	EN 14112
Teor de ésteres (% massa), máx.	ABNT NBR 15342
Álcool, metanol ou etanol (% massa), máx.	ABNT NBR 15343
Glicerina livre (% massa), máx.	ASTM D 6584

Fonte: ANP (2008)

4.5.1 Viscosidade cinemática a 40 °C, mm^2/s

A viscosidade do biodiesel metílico e etílico de babaçu, e das suas misturas com o diesel, foi determinada utilizando-se o mesmo método descrito no item 4.1.8.

4.5.2 Massa específica a 20 °C, Kg/m^3

A massa específica do biodiesel e das misturas foi determinada conforme o item 4.1.9.

4.5.3 Ponto de fulgor, °C

A temperatura do ponto de fulgor é uma medida da tendência da amostra de formar uma mistura inflamável com o ar sob condições controladas. É uma das propriedades que podem ser consideradas na avaliação das condições perigosas de inflamabilidade. Pode ser aplicada na detecção de contaminantes de materiais não voláteis ou não inflamáveis com materiais voláteis ou inflamáveis.

A amostra é colocada na cuba de ensaio e submetida a aquecimento lento e constante. Uma fonte de ignição é introduzida na cuba a intervalos regulares. O ponto de fulgor é a menor temperatura e a aplicação da chama faz com que o vapor acima da amostra entre em ignição.

4.5.4 Resíduo de carbono, % massa

Este método faz a determinação da quantidade de resíduo de carbono deixada após a evaporação e pirólise de um óleo, e destina-se a proporcionar alguma indicação da tendência relativa à formação de coque.

A amostra, após ser pesada dentro de um bulbo de vidro especial, possuindo uma abertura capilar, é colocada num forno metálico mantido a aproximadamente 550 °C. Ela é aquecida rapidamente até o ponto em que toda a substância volátil é evaporada para fora do bulbo, com ou sem decomposição. O resíduo mais pesado permanece no bulbo e sofre reações de craqueamento e coqueamento. Depois o resíduo de carbono fica sujeito à decomposição ainda mais lenta ou a uma ligeira oxidação, em virtude da possibilidade de aspiração de ar para dentro do bulbo. Após esse aquecimento, o bulbo é removido, resfriado no dessecador e pesado novamente. O resíduo remanescente é calculado como percentagem da amostra original e reportado como resíduo de carbono Ramsbottom.

4.5.5 Enxofre total, % massa

Este método é usado na determinação do teor de enxofre em óleo diesel e gasolina automotiva através da técnica de espectrometria de fluorescência de raios X por energia dispersiva, de modo a garantir a confiabilidade dos resultados, assim como assegurar a integridade do equipamento.

A técnica consiste em encaixar o anel menor no corpo da célula e depois colocar o filme na extremidade estreita do corpo da célula. Prender o filme, encaixando o anel maior no anel menor.

Encaixar a base da célula à extremidade estreita do corpo da célula. Colocar uma alíquota da amostra na cavidade interna da célula. Colocar a célula no compartimento de amostra do equipamento de fluorescência de raio X.

4.5.6 Corrosividade ao cobre

A corrosão pode afetar todos os materiais em contato com o combustível, particularmente os componentes do motor, e equipamentos de armazenamento e manutenção. Este parâmetro é uma indicação das possíveis dificuldades de corrosão com cobre, bronze ou metal.

Uma quantidade de enxofre contida no combustível é ativamente corrosivo e é conhecido como enxofre ativo. Ácidos (como ácidos graxos) presentes também podem causar corrosão. Estes são medidos como uma taxa de corrosão de lâmina de cobre que indica que podem surgir problemas de armazenamento e manutenção. Os ácidos também estão incluídos neste parâmetro, estão relacionados ao índice de acidez (ou índice de neutralização). Isso afeta a operabilidade do motor e propriedades do óleo lubrificante.

4.5.7 Estabilidade oxidativa

Para a determinação da estabilidade oxidativa do biodiesel, foram utilizados os testes de oxidação acelerada, Rancimat e P-DSC, conforme descrito nos itens 3.4.6 e 3.6.3.

4.5.8 Teor de ésteres, % massa; álcool, metanol ou etanol, % massa; glicerina livre, % massa

O teor de ésteres, álcool (metanol ou etanol) e glicerina livre nas amostras de biodiesel foram obtidos por cromatografia gasosa, usando as mesmas condições cromatográficas mencionadas no item 4.1.3.

4.6 Cromatografia gasosa

O óleo de babaçu após caracterização físico-química foi submetido a uma metanólise em meio alcalino e os ésteres obtidos foram analisados utilizando um cromatógrafo a gás, conforme a metodologia descrita no item 4.1.3.

Após a transesterificação, o teor de ésteres metílicos ou etílicos das misturas foi obtido utilizando-se as mesmas condições cromatográficas aplicadas para o óleo.

A padronização através de padrões externos, onde se injeta um padrão de mistura de ésteres metílicos, utilizando o mesmo método para a identificação dos picos no cromatograma de cada amostra dos ésteres provenientes da alcoólise dos triacilglicerídeos que compõem o óleo de babaçu. Para as amostras de biodiesel etílico, como os cromatogramas apresentam o mesmo perfil do biodiesel metílico, no entanto com tempos de retenção diferentes, identificaram-se por comparação.

4.7 Espectroscopia de absorção na região do infravermelho

Os espectros de infravermelho do biodiesel foram obtidos em pastilhas de KBr, e tiveram como objetivo verificar as vibrações moleculares dos principais grupos funcionais presentes. Utilizou-se, para este fim, um espectrômetro de infravermelho BOMEM modelo MB-102. A faixa de frequência da radiação eletromagnética empregada foi de 4000-400 cm^{-1}.

4.8 Espectroscopia de ressonância magnética nuclear

Os espectros de RMN ^{1}H e RMN ^{13}C, assim como os espectros de IV, foram feitos para confirmar a reação de transesterificação. Eles foram obtidos através de um espectrofotômetro VARIAN, modelo GEMINI 300 BB; utilizou-se clorofórmio deuterado ($CDCl_3$) como solvente.

4.9 Análise térmica

4.9.1 Termogravimetria (TG)

As curvas de TG/DTG dinâmicas foram obtidas em um analisador térmico modelo SDT 2960, da TA Instruments, e objetivaram verificar o perfil de decomposição térmica do óleo, do biodiesel e das misturas. Utilizaram-se ±10 mg de amostra, com razão de aquecimento de 10 °C.min^{-1} sob intervalo de temperatura de 25 a 600 °C, em atmosferas de ar sintético e nitrogênio com fluxo de gás de 100 mL.min^{-1} para biodiesel, e em atmosfera de ar sintético para o óleo de babaçu.

4.9.2 Calorimetria Exploratória Diferencial (DSC)

As curvas de DSC foram obtidas em condições não isotérmicas em um analisador térmico DSC 2920, da TA Instruments, e objetivaram verificar as transições entálpicas endotérmicas e exotérmicas dos processos térmicos. Utilizaram-se ±10 mg de amostra, no intervalo de 25 a 600 °C sob atmosfera de ar sintético com fluxo de gás de 100 mL.min^{1}.

4.9.3 Calorimetria Exploratória Diferencial com Modulação de Temperatura (TMDSC)

As curvas de TMDSC foram realizadas para verificar o comportamento do biodiesel e das misturas durante a fusão e solidificação, e foram feitas em um analisador térmico DSC 2920, da TA Instruments. Utilizaram-se nestas análises ±10 mg de amostra sob atmosfera de nitrogênio. Para as curvas de resfriamento usou-se o intervalo de 40 a -60 °C, e para as curvas de aquecimento -60 a 100 °C, com modulação de temperatura ± 1 °C.min^{-1}.

4.9.4 Calorimetria Exploratória Diferencial Pressurizada (P-DSC)

Para as análises de P-DSC, utilizou-se um Calorímetro Exploratório Diferencial acoplado a uma célula de pressão DSC 2920, da

TA Instruments, sob condições dinâmicas e isotérmicas de análises, e objetivou-se determinar o OIT. As curvas de P-DSC dinâmicas foram obtidas com ± 10 mg de amostra em atmosfera de oxigênio, pressão de 1400 kPa e com razão de aquecimento de 5 °C.min^{-1}, no intervalo de temperatura de 25 a 600 °C. E as isotérmicas foram obtidas nas mesmas condições, mas em temperatura constante de 140 °C.

Capítulo 5

RESULTADOS E DISCUSSÃO

Neste capítulo, serão apresentados e discutidos os resultados referentes à caracterização do óleo, caracterização físico-química e avaliação térmica do biodiesel de babaçu e suas respectivas misturas binárias.

5.1 Caracterização do óleo de babaçu

A determinação das características físico-químicas do óleo foi necessária para indicar o estado de conservação da matéria-prima a ser utilizada na reação de transesterificação, e consequentemente garantir a produção de um biodiesel de boa qualidade. Embora não exista uma especificação definida para óleos vegetais destinados à produção de biodiesel, considera-se como referência a especificação dos parâmetros gerais definidos pela ANVISA.

5.1.1 Propriedades físico-químicas

A Tabela 5.1 ilustra os dados de análises físico-químicas obtidos para o óleo e os limites de alguns parâmetros estabelecidos pela ANVISA para óleos vegetais.

Tabela 5.1 – Caracterização físico-química do óleo de babaçu

Parâmetros	Óleo de babaçu	ANVISA
Ácidos graxos livres (%)	0,06	0,3%
Índice de acidez (mg KOH/g óleo)	1,26	-
Índice de peróxido (meq/Kg óleo)	1,14	Máximo 10

Parâmetros	Óleo de babaçu	ANVISA
Índice de iodo (Wijs)	16,60	10 – 18
Índice de saponificação (mg KOH/g óleo)	130,0	-
Umidade e matéria volátil (%)	0,038	-
Matéria insaponificável (g/100g óleo)	1,13	Máximo 1,2%
Massa específica, 20 °C (Kg/m^3)	0,920	0,911 – 0,914
Viscosidade cinemática, 40 °C	30,10	-

Fonte: os autores e ANVISA (1999)

Geralmente, considera-se como apropriado, para a produção de biodiesel, o óleo com teores de umidade, acidez e índice de peróxidos abaixo de 0,5%, 2 mg de KOH/g e 10 mg de O_2/Kg de óleo, respectivamente (CANAKCI; GERPEN, 2001). Portanto, de acordo com os dados contidos na Tabela 5.1, conclui-se que o óleo de babaçu tem características adequadas para a produção de biodiesel.

5.1.2 Composição química

5.1.2.1 Análise espectroscópica na região do infravermelho

A análise qualitativa do óleo de babaçu na região do infravermelho revelou bandas características de absorção dos principais grupos funcionais presentes nas moléculas de óleo (Figura 5.1).

Figura 5.1 – Espectro de infravermelho do óleo de babaçu em KBr

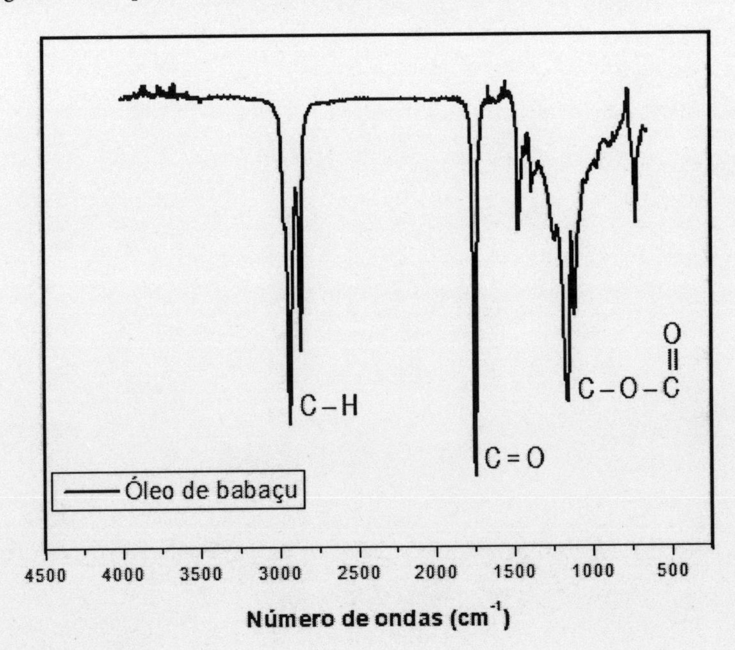

Fonte: os autores

O espectro ilustra as bandas de absorção vibracionais na região de 2928 a 2950 cm^{-1} atribuídas às deformações axiais das ligações C–H (saturado). A absorção intensa em torno de 1750 cm^{-1} refere-se ao estiramento da ligação C=O. Confirma-se o grupo funcional dos ésteres $C-O-\overset{\overset{\displaystyle O}{\|}}{C}$ pela absorção intensa em 1180 cm^{-1} (SILVERSTEIN; WEBSTER; KIEMLE, 2007).

5.1.2.2 Análise cromatográfica

A composição do óleo de babaçu, por meio do teor de ácidos graxos, foi determinada pelo percentual de ésteres obtidos na metanólise do óleo, em meio alcalino pela utilização de técnica de cromatografia gasosa (CG-DIC). A Tabela 5.2 apresenta o teor de ácidos graxos presentes no óleo analisado.

Tabela 5.2 – Percentual de ácidos graxos presentes no óleo

Ácidos Graxos		Massa Molar	Teor (%)
Nome IUPAC	**Nome Trivial**		
Ác. Octanoico	Ác. Caprílico (C 08:0)	144	6,8
Ác. Decanoico	Ác. Cáprico (C 10:0)	172	6,3
Ác. Dodecanoico	Ác. Láurico (C 12:0)	200	41,0
Ác. Tetradecanoico	Ác. Mirístico (C 14:0)	228	16,2
Ác. Hexadecanoico	Ác. Palmítico (C 16:0)	256	9,4
Ác. Octadecanoico	Ác. Esteárico (C 18:0)	284	3,4
Ác. 9-octadecenoico	Ác. Oleico (C 18:1)	282	14,2
Ác. 9,12-octadecadienoico	Ác. Linoleico (C 18:2)	280	2,5

Fonte: os autores

O óleo de babaçu apresenta Massa Molar (MM) média de 700,35g/mol, calculada através da Equação 8, que consiste no somatório da multiplicação do percentual molar dos ácidos graxos presentes no óleo e sua massa molar, multiplicado por três e dividido pelo somatório do percentual molar dos ácidos graxos totais que compõem o óleo.

$$MM_{oleo} = \frac{\sum(\%_{molar\,do\,ac.graxo}\; x\, MM_{ac.graxo})}{\sum(\%_{molar\,do\,ac.graxo})} x\, 3 \; + \; 38{,}04 \qquad \text{(Equação 10)}$$

Em que:

$MM_{óleo}$ = Massa Molar média do óleo vegetal (g/moL);

$\%_{molardoac.graxo}$ = Percentual molar dos ácidos graxos contidos no óleo;

$MM_{ácidograxo}$ = Massa Molar dos ácidos graxos;

38,04 = diferença entre a massa molecular da glicerina e as três moléculas de água que substituem a glicerina.

5.2 Produção do biodiesel de babaçu

As amostras do biodiesel metílico e etílico foram obtidas pela transesterificação alcalina do óleo de babaçu clarificado (acidez 1,26 mg KOH/g de óleo) com metanol ou etanol (99,8% de pureza) em excesso, utilizando como catalisador o hidróxido de potássio.

5.3 Caracterização do biodiesel metílico e etílico de babaçu

5.3.1 Análise cromatográfica

Os ésteres metílicos e etílicos foram analisados por Cromatografia Gasosa (CG-DIC), conforme condições descritas na metodologia, e objetivou-se determinar e quantificar a conversão do óleo, em teor de ésteres. Todas as análises apresentaram perfis de eluição cromatográficos similares.

As Figuras 5.2 e 5.3 ilustram os cromatogramas dos ésteres de ácidos graxos presentes no biodiesel, obtidos pelas rotas metílicas e etílicas, respectivamente. Os resultados demonstraram que as amostras de biodiesel de babaçu são constituídas pelos ésteres, correspondentes aos ácidos graxos que compõem o óleo de babaçu. Observa-se também a predominância dos ésteres saturados laureato (C 12:0), miristato (C 14:0) e palmitato (C 16:0); Uma vez que a estabilidade oxidativa é menor quando existe uma maior quantidade de ésteres insaturados, o maior percentual de ésteres saturados indica que o biodiesel de babaçu deve possuir boa estabilidade à oxidação.

Figura 5.2 – Cromatograma do biodiesel metílico de babaçu

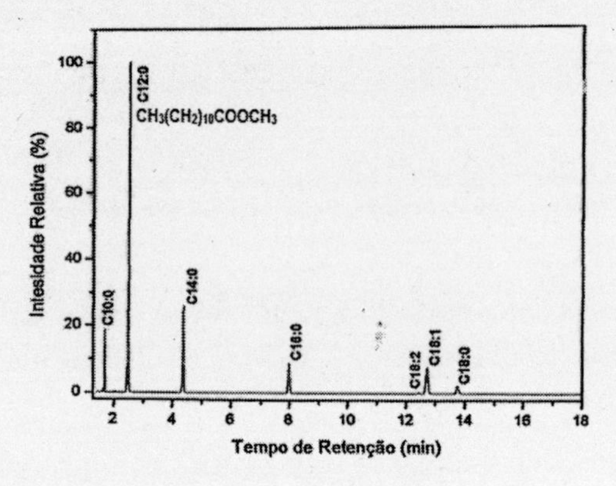

Fonte: os autores

Figura 5.3 – Cromatograma do biodiesel etílico de babaçu

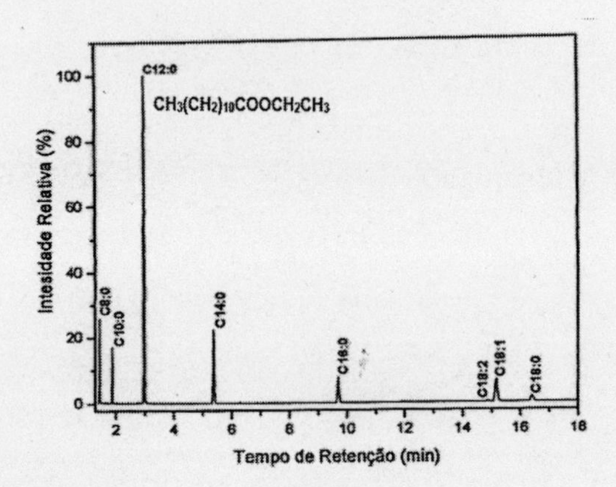

Fonte: os autores

5.3.2 Análises espectroscópicas de infravermelho (IV) e de ressonância magnética nuclear (RMN^{1}H e RMN^{13}C)

As técnicas espectroscópicas foram utilizadas para verificar a transesterificação do óleo de babaçu, e para confirmar as informações sobre a composição química do biodiesel obtida por cromatografia gasosa.

Figura 5.4 – Espectros de infravermelho do biodiesel metílico (a) e etílico (b) em KBr

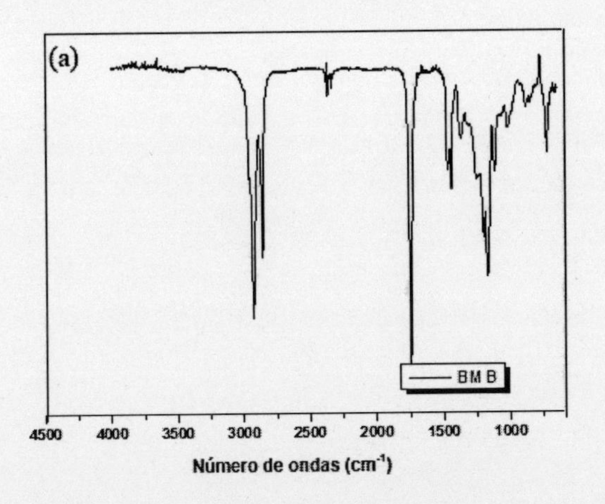

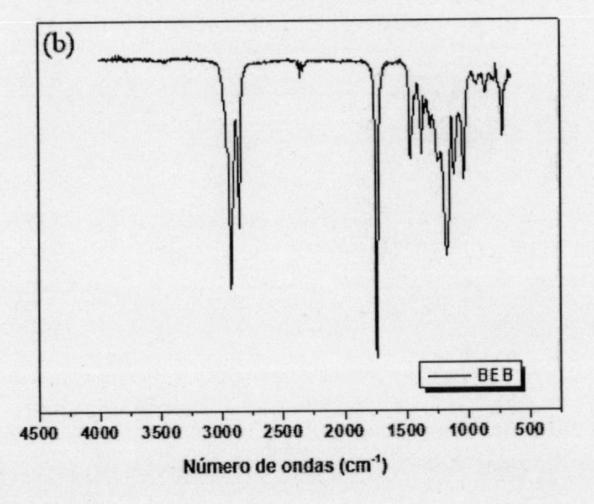

Fonte: os autores

A análise da região de IV foi utilizada para a identificação das absorções características dos grupos funcionais presentes nos ésteres. Nos espectros do biodiesel, nas rotas metílica e etílica, Figuras 5.4 (a) e (b), foram observadas bandas de absorção características de deformação axial intensa do grupo C=O (carbonila) e uma absorção axial média do C–O (éster) nas regiões de 1753 cm^{-1} e 1220 cm^{-1}, respectivamente. Os grupos metilênicos $(CH_2)_n$ da cadeia carbônica dos ésteres foram confirmados pelas bandas nas regiões de 3000 cm^{-1} e 720 cm^{-1}, referentes aos movimentos vibracionais de deformações axiais e de deformações angulares das ligações C-H, respectivamente (SILVERSTEIN; WEBSTER; KIEMLE, 2007).

Os dados espectroscópicos de Ressonância Magnética Nuclear (RMN) não só confirmaram a obtenção dos ésteres, como forneceram informações sobre a pureza do biodiesel de babaçu. No espectro de RMN ^1H do biodiesel metílico, Figura 5.5, observaram-se os seguintes sinais: um singleto em 3,2 ppm, o qual foi atribuído aos hidrogênios metílicos do grupo do éster; um tripleto em 2,26 ppm, atribuído ao metileno α-carbonila; e um multipleto na região de 20 a 1,0 ppm, referente aos grupos metilênicos da cadeia carbônica dos ésteres. O sinal em 5,3 ppm refere-se a prótons olefínicos, e a sua baixa intensidade está relacionada à pouca quantidade de ésteres insaturados presentes.

Figura 5.5 – Espectro de RMN ^1H do biodiesel metílico em $CDCl_3$

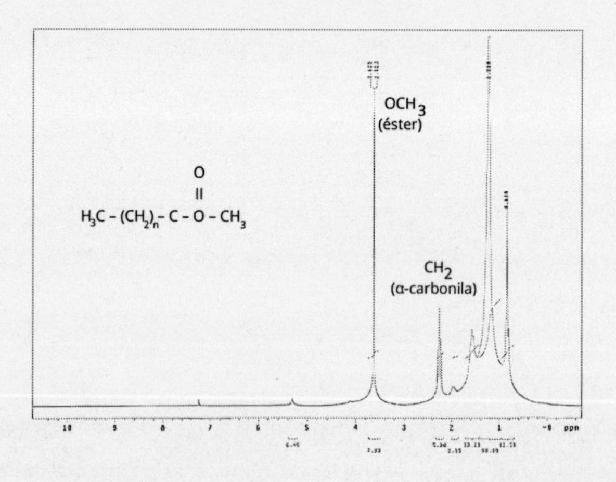

Fonte: os autores

No espectro de RMN ^1H do biodiesel etílico (Figura 5.6), observa-se o mesmo padrão de sinais na região de 1,0 e 2,0 ppm, caracterizando a semelhança de composição química dos ésteres, que constituem os biodieseis metílico e etílico, os quais são provenientes dos mesmos ácidos graxos do óleo de babaçu. A confirmação da transesterificação etílica do óleo foi obtida pela observação do sinal em 4,1 ppm, um quarteto, referente ao acoplamento dos hidrogênios metilênicos com os hidrogênios metílicos presentes no grupo éster ($R-C(=O)-O-CH_2-CH_3$).

Figura 5.6 – Espectro de RMN ^1H do biodiesel etílico em $CDCl_3$

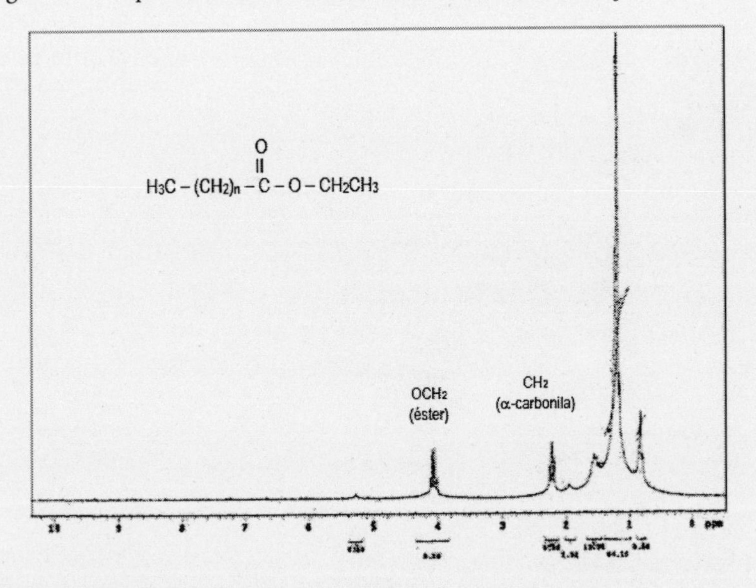

Fonte: os autores

Os dados de RMN ^{13}C do biodiesel metílico mostrados na Figura 5.7 confirmam a formação dos ésteres pela presença dos sinais em 174,30 e 51,37 ppm, os quais são referentes aos respectivos carbonos dos grupos C=O e O-CH_3.

Embora as informações de RMN sejam para uma mistura de ésteres, esses dados são úteis também para verificar uma possível contaminação da matéria-prima por outros óleos vegetais que apresentam em sua constituição química triacilglicerídeos insaturados. No presente trabalho, a baixa intensidade de sinais de hidrogênio ligados a carbonos olefínicos, no espectro de RMN ^{1}H, na região de 4,0 a 6,0 ppm e de carbonos hibridizados sp^2 no espectro de RMN ^{13}C, que frequentemente ocorrem de 130 a 140 ppm, indicam que a composição do óleo e do biodiesel de babaçu é predominantemente saturada, enfatizando os dados obtidos por cromatografia gasosa.

Figura 5.7 – Espectro de RMN ^{13}C do biodiesel metílico em $CDCl_3$

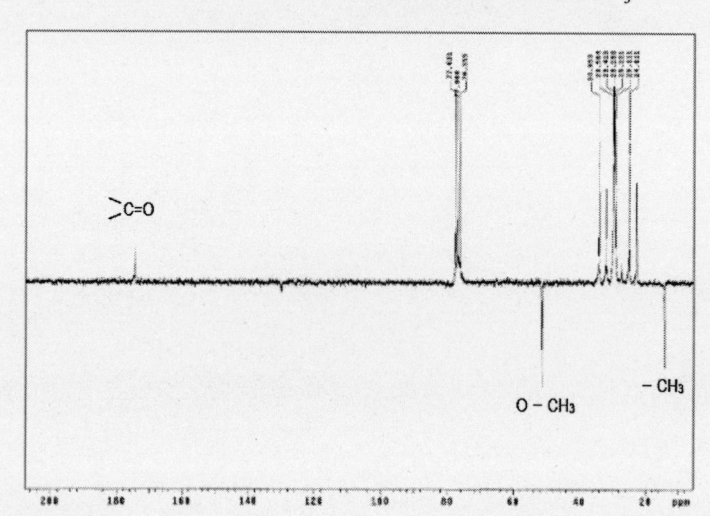

Fonte: os autores

5.3.3 Propriedades físico-químicas do biodiesel metílico e etílico de babaçu

A qualidade das amostras de biodiesel foi avaliada por meio de alguns parâmetros de caracterização ilustrados na Tabela 5.3. Utilizaram-se para este fim as normas estabelecidas pela Resolução 7/2008 da ANP. Observa-se que as propriedades físico-químicas do biodiesel metílico e etílico de babaçu encontram-se dentro dos limites estabelecidos, confirmando o potencial do biodiesel de babaçu como fonte alternativa de combustível.

Tabela 5.3 – Propriedades físico-químicas do biodiesel metílico e etílico de babaçu

Propriedades físico-químicas	BMB	BEB	Limite (ANP)	Métodos
Massa específica, 20 °C (Kg/m³)	877,8	880,5	850-900	ASTM D 4052
Viscosidade cinemática, 40 °C (mm²/s)	3,07	3,5	3,0-6,0	ASTM D 445
Ponto de fulgor (°C), min.	116	120	100	ASTM D 93
Corrosividade ao cobre, 50 °C, máx.	1	1	1	ASTM D 130
Enxofre total (mg/Kg), máx.	0	0	50	ASTM D 5453
Índice de cetano	38,6	38,4	anotar	ASTM D 976
Ponto de entupimento (°C)	-3	+9	19	ASTM D 6371
Índice de acidez (mg KOH/g), máx.	0,10	0,20	0,50	ASTM D 664
Estabilidade oxidativa	Superior a 6 h	Superior a 6 h	6 h	EN 14112
Teor de ésteres (%), min.	98,0	97,6	96,5	EN 14103
Glicerina livre (%), máx.	0,02	0,01	0,02	ASTM D 6584

Fonte: os autores

5.4 Estudo térmico

A avaliação do comportamento térmico do óleo, do biodiesel e das misturas biodiesel/diesel foi realizada utilizando-se as técnicas análises térmicas de TG, DSC e TMDSC. As técnicas de oxidação acelerada, P-DSC e Rancimat, foram utilizadas para a avaliação da estabilidade oxidativa do biodiesel puro.

5.4.1 Óleo de babaçu

Os perfis termogravimétricos e calorimétricos do óleo de babaçu foram obtidos em atmosfera de ar sintético com fluxo de 100 $mL.min^{-1}$, razão de aquecimento de 10 $^{o}C.min^{-1}$ sob intervalo de temperatura de 25 a 600 °C.

As curvas TG/DTG, Figura 5.8, indicaram duas etapas de decomposição térmica nos intervalos de 209,3 a 436,3 e 436,3 a 561,2 C, com respectivas perdas de massa de 92,1 e 0,1%. A primeira etapa deve-se provavelmente à decomposição de ácidos graxos com cadeias de 8 a 16 átomos de carbonos e a segunda etapa provavelmente à decomposição dos demais ácidos graxos saturados e insaturados de cadeias carbônicas maiores, como o esteárico (C18:0), o oleico (C18:1) e o linoleico (C18:2). Observa-se que houve formação de resíduo com aproximadamente 7,8% da massa de óleo, o que pode ser atribuído à formação de goma associada ao processo de decomposição. Esses resultados estão de acordo com os obtidos nas mesmas condições de análises por Santos *et al.* (2007). Neste trabalho a primeira etapa ocorreu no intervalo de 181 a 441 °C, com perda de 89,6% de massa. E a segunda no intervalo de 441 a 563 °C, com perda de 9,3% de massa do óleo.

A temperatura inicial de decomposição de 209,3 °C indica que o óleo possui boa estabilidade térmica. E os perfis das curvas TG/DTG indicam que as moléculas de triacilglicerídeos que constituem o óleo são formadas principalmente por resíduos de ácidos graxos como estruturas moleculares semelhantes.

Figura 5.8 – Curvas de TG/DTG do óleo de babaçu em atmosfera de ar sintético

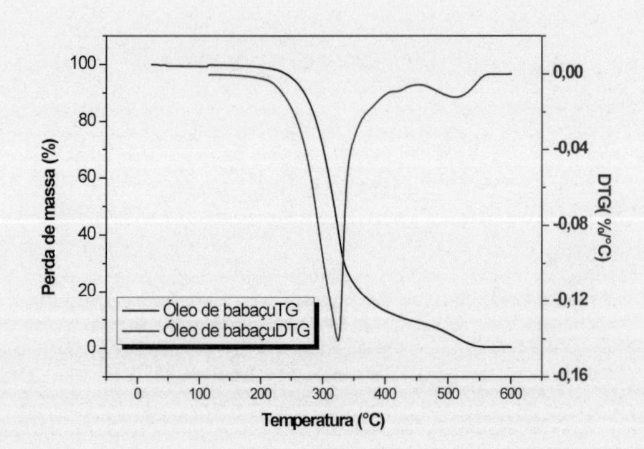

Fonte: os autores

A técnica de calorimetria exploratória diferencial foi utilizada com o objetivo de verificar os tipos de transições entálpicas relacionadas a processos físicos e/ou químicos que ocorrem durante a decomposição térmica do óleo.

O perfil calorimétrico do óleo nas condições de análises, ilustrado na Figura 5.9, indicou duas transições exotérmicas com temperaturas de pico de 321,1 e 512,0 °C. Esses eventos térmicos estão associados a vaporização e a combustão de ácidos graxos que formam as moléculas de triacilglicerídeos presentes no óleo.

Figura 5.9 – Curva de DSC do óleo de babaçu em atmosfera de ar sintético

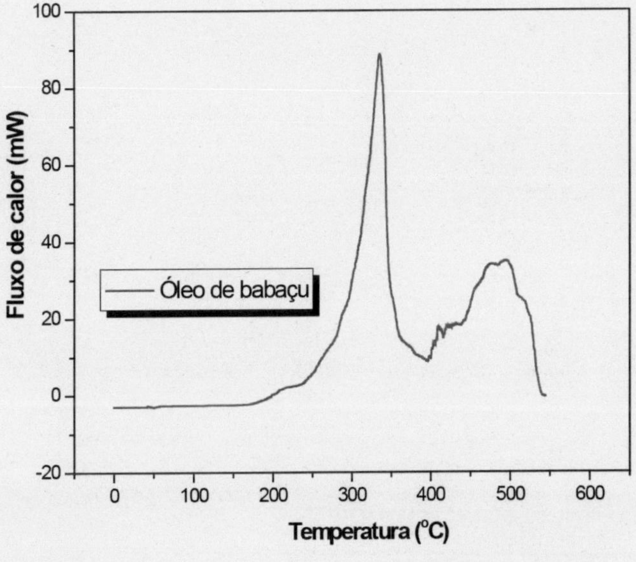

Fonte: os autores

5.4.2 Biodiesel metílico e etílico

Os perfis termogravimétricos do BMB, em atmosfera de ar sintético (oxidante) e nitrogênio (inerte), são ilustrados nas Figuras 5.10 (a) e (b). Ambas as curvas ilustram que o BMB tem boa estabilidade térmica e possuem duas etapas de decomposição. Em atmosfera de ar sintético, o processo de degradação térmica ocorre nos intervalos de 90,0 a 259,5 °C e 259,5 a 475,9 °C, com respectivas perdas de massa de 94,1 e 5,3%. Em atmosfera de nitrogênio, a decomposição nos intervalos de temperatura de 95 a 221,7 °C e 221,7 a 405,6 °C.

Os maiores patamares de perdas de massa (aproximadamente 94%) podem ser atribuídos às misturas de ésteres metílicos derivados de ácidos graxos saturados de cadeia variando de 8 a 18 átomos de carbonos. A outra etapa pode ser associada à carbonização da amostra.

Figura 5.10 – Curvas de TG/DTG do BMB em atmosfera de ar sintético (a) e em nitrogênio (b)

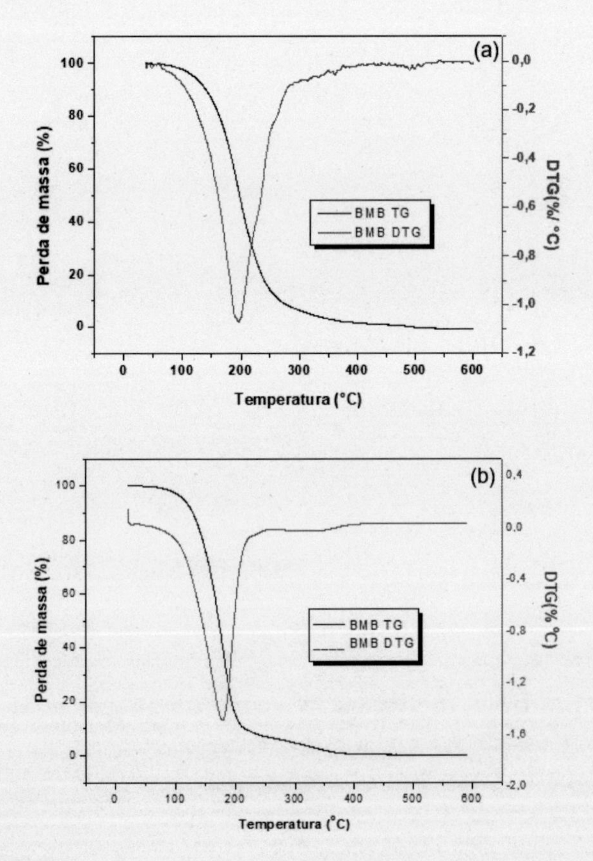

Fonte: os autores

Para o BEB as curvas TG/DTG obtidas em atmosfera de ar sintético (Figura 5.11[a]) e em atmosfera de nitrogênio (Figura 5.11[b]) indicaram que o biodiesel apresenta apenas uma etapa de decomposição. Em atmosfera de ar sintético, a degradação térmica ocorre no intervalo de 86 a 252 °C, com perda de 97,0% de massa, enquanto na atmosfera de nitrogênio o intervalo é de 60 a 250 °C, com perda de massa de 97,8 %. Esses intervalos térmicos são atribuídos à decomposição e combustão dos ésteres etílicos dos ácidos graxos que compõem o biodiesel.

Figura 5.11 – Curvas de TG/DTG do BEB em atmosfera de ar sintético (a) e em nitrogênio (b)

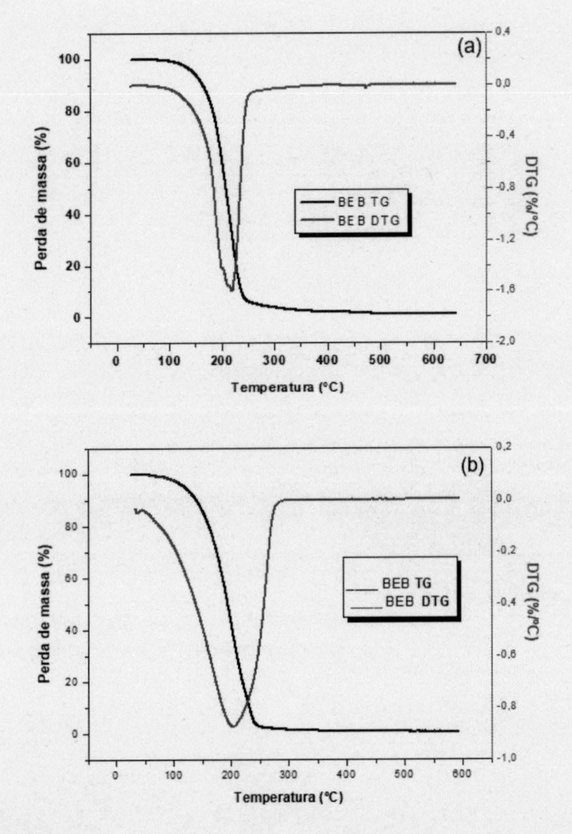

Fonte: os autores

As análises calorimétricas das amostras de biodiesel metílico e etílico de babaçu, como mostra a Figura 5.12, apresentaram cinco transições entálpicas. A primeira endotérmica, atribuída à vaporização dos ésteres, provavelmente o laureato, maior constituinte, com temperaturas de pico de 195 °C para o BMB e 198 °C para o BEB. Este evento é confirmado pela análise de P-DSC, visto que as curvas não apresentaram nenhuma transição nessas temperaturas, pois nesta análise a amostra foi submetida a pressões elevadas que impedem a volatilização da mesma.

As demais transições são do tipo exotérmicas, e provavelmente estão associadas à vaporização e combustão dos ésteres de maiores pesos moleculares (C_{16} a C_{18}). Estes eventos ocorrem com temperaturas de pico de 269,6; 342,9; 385,2 e 506,1 °C para o BMB e de 244,4; 313,9; 425,9 e 505,4 °C para o BEB.

Figura 5.12 – Curvas de DSC do BMB e BEB em atmosfera de ar sintético

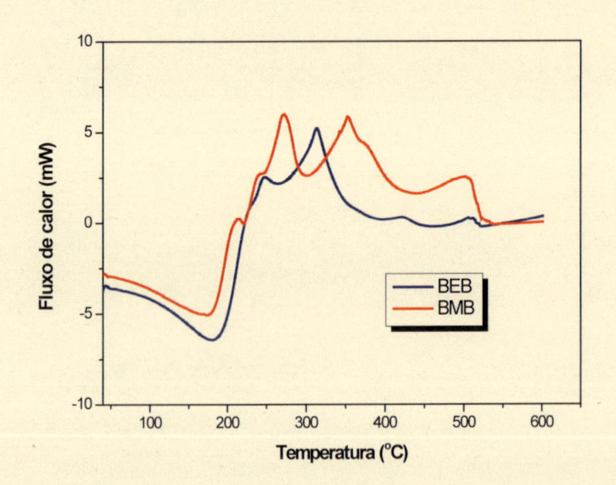

Fonte: os autores

Os perfis termogravimétricos e calorimétricos observados para os biodieseis de babaçu confirmam a predominância de ésteres com massas moleculares semelhantes.

5.4.3 Misturas binárias biodiesel/diesel

As curvas de TG (Figura 5.13 [a] e [b]) e DTG (Figura 5.14 [a] e [b]) das misturas do BMB em atmosfera de ar sintético e em atmosfera de nitrogênio ilustram perfis semelhantes, com dois eventos de decomposição térmica. O primeiro atribui-se à vaporização e decomposição de hidrocarbonetos provenientes do diesel e ésteres metílicos do biodiesel, e o segundo à combustão das amostras.

Figura 5.13 – Curvas de TG para misturas BMB em atmosfera de ar sintético (a) e nitrogênio (b)

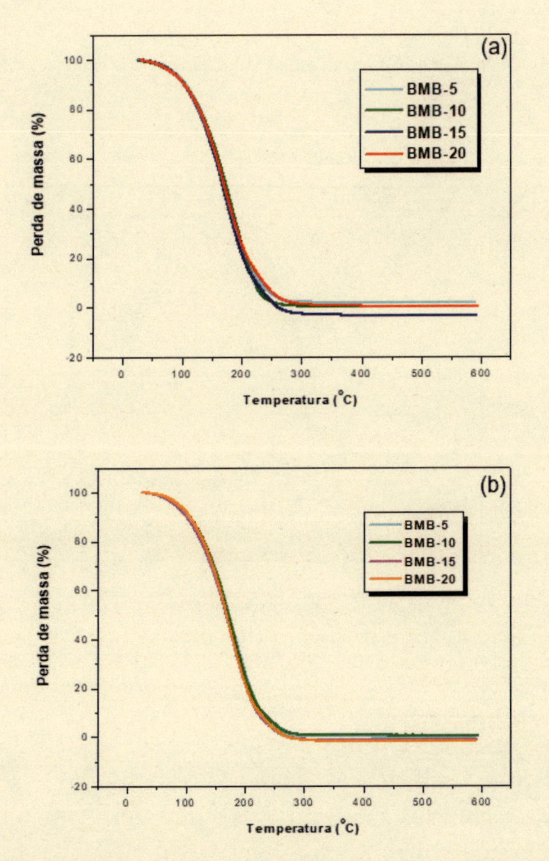

Fonte: os autores

Figura 5.14 – Curvas de DTG para misturas BMB em atmosfera de ar sintético (a) e nitrogênio (b)

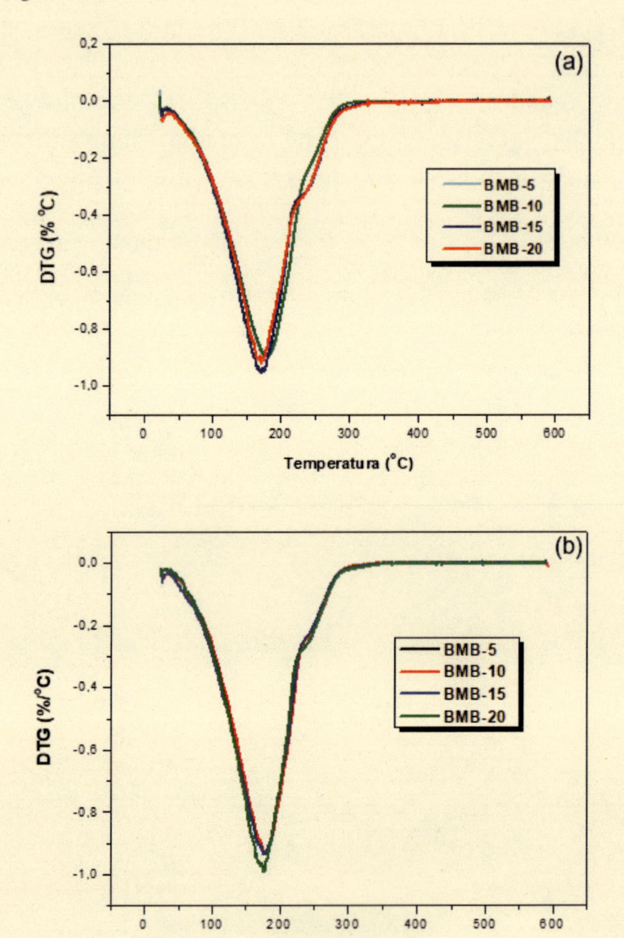

Fonte: os autores

Observa-se nas Figuras 5.13 e 5.14 que o perfil de decomposição das misturas do BMB nas proporções analisadas foi semelhante ao perfil de decomposição do diesel puro, conforme mostrado na Figura 5.15. Este fato indica a maior contribuição do diesel no processo de decomposição das amostras analisadas.

Figura 5.15 – Curvas de TG /DTG do óleo diesel em atmosfera de ar sintético (a) e em atmosfera de nitrogênio (b)

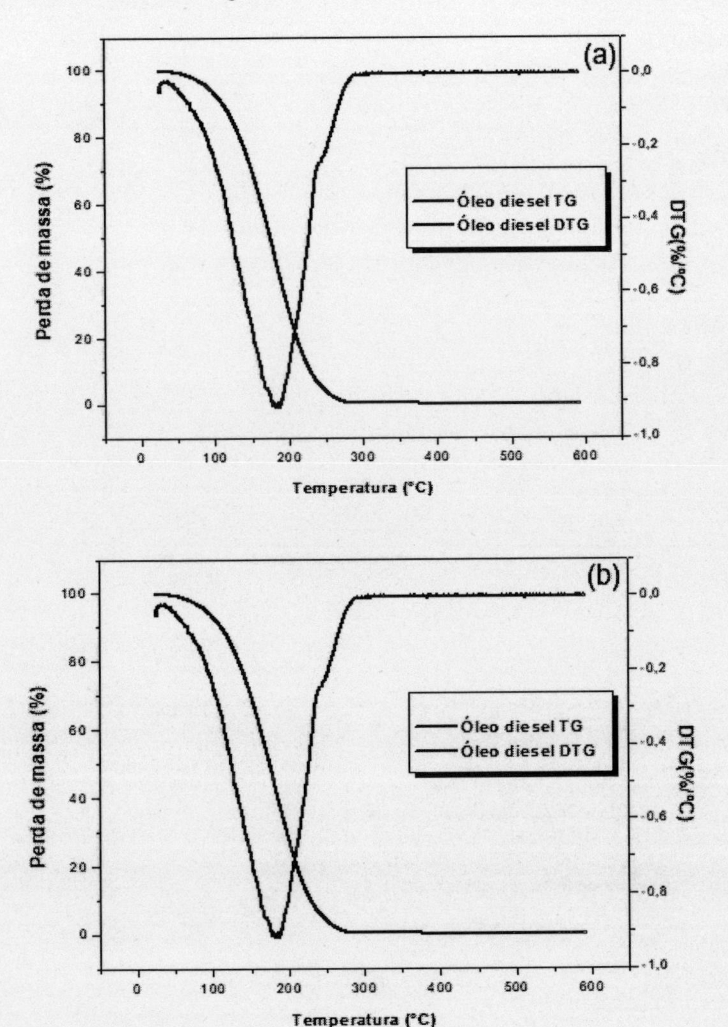

Fonte: os autores

A Tabela 5.4 refere-se às temperaturas iniciais e finais, com respectivas perdas de massa, das etapas da decomposição térmica das misturas do BMB e do diesel.

Tabela 5.4 – Resultados termogravimétricos para as misturas do biodiesel metílico de babaçu

Amostras	Etapas (°C) Atmosfera de ar sintético	Perda de massa (%)	Etapas (°C) Atmosfera de N_2	Perda de massa (%)
BMB 5	23,0 – 238,3	91,9	27,2 – 241,3	93,3
	238,3 – 314,8	6,2	241,3 – 308,7	6,5
BMB 10	28,9 – 235,2	89,7	29,5 – 235,3	91,1
	235,2 – 318,1	8,0	235,3 – 335,9	8,2
BMB 15	29,0 – 233,6	93,0	26,0 – 235,3	93,7
	233,6 – 312,7	6,9	235,3 – 330,0	7,7
BMB 20	26,0 – 223,3	85,2	30,2 – 230,0	91,4
	223,2 – 315,6	14,5	230,0 – 350,0	10,3
Diesel	27,2 – 240,0	94,0	25,0 – 245,1	94,9
	240,0 – 302,7	5,7	245,1 – 305,7	5,0

Fonte: os autores

O perfil termogravimétrico para as misturas do biodiesel etílico feito em atmosferas de ar sintético e nitrogênio (Figuras 5.16 e 5.17), na razão de aquecimento de 10 °C.min^{-1}, apresentou um único evento térmico. As temperaturas iniciais e finais com as respectivas perdas de massa estão listadas na Tabela 5.5.

Figura 5.16 – Curvas de TG para misturas BEB em atmosfera de ar sintético (a) e nitrogênio (b)

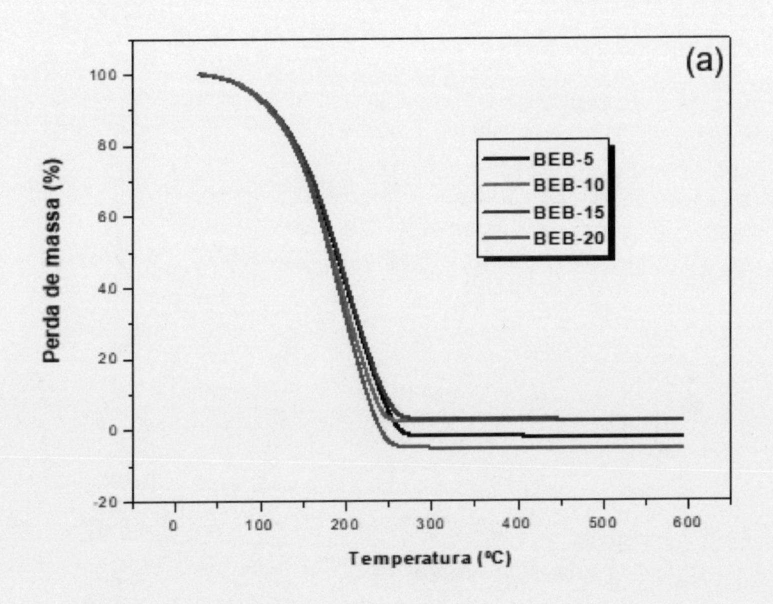

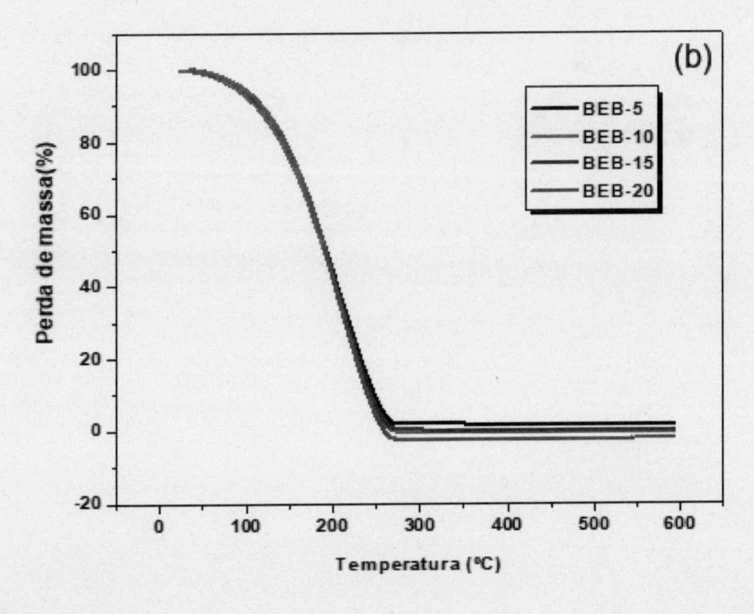

Fonte: os autores

Figura 5.17 – Curvas de DTG para misturas BEB em atmosfera de ar sintético (a) e nitrogênio (b)

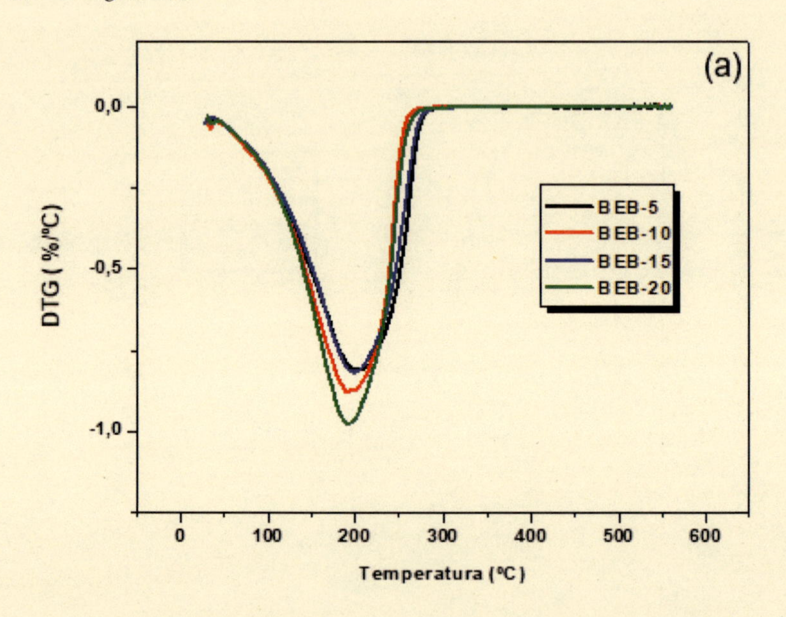

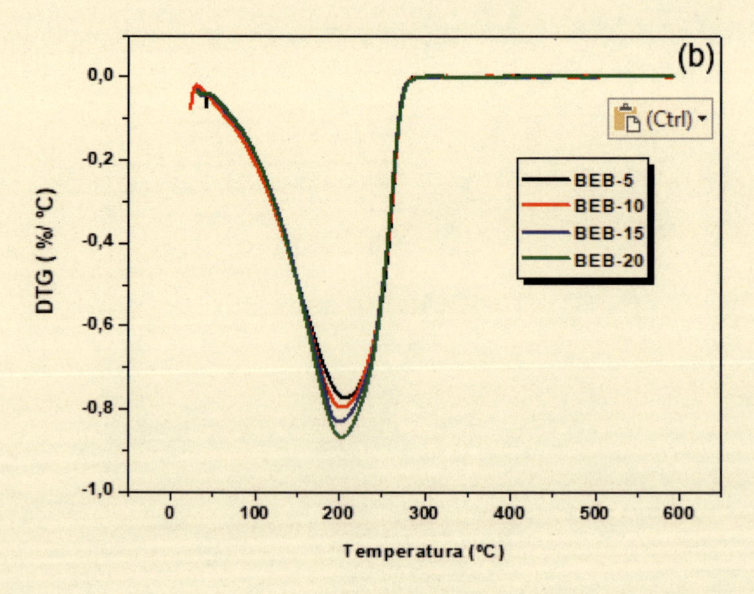

Fonte: os autores

Tabela 5.5 – Resultados termogravimétricos para as misturas do biodiesel etílico de babaçu

Misturas	Temperatura Inicial (°C)	Temperatura Final (°C)	Perda de massa (%)
	Em atmosfera de ar sintético		
BEB 05	35,7	266,3	99,8
BEB 10	40,8	251,2	96,3
BEB 15	48,3	269,3	96,2
BEB 20	57,4	245,1	100,0
	Em atmosfera de nitrogênio		
BEB 05	48,4	281,5	97,6
BEB 10	50,6	287,5	99,5
BEB 15	49,1	279,8	98,2
BEB 20	57,9	286,9	99,3

Fonte: os autores

Nas misturas, o maior teor de diesel favorece o início da decomposição em temperaturas menores, se comparados com os biodieseis metílico e etílico puros, nos quais iniciaram seus respectivos processos de degradação térmica em 93 °C e 86 °C.

As curvas de DSC para as misturas do BMB e para as misturas do BEB (Figura 5.18 [a] e [b]) ilustram um mesmo perfil calorimétrico com quatro transições, uma endotérmica e três exotérmicas com temperaturas iniciais, de pico e respectivas entalpias finais, conforme ilustrado na Tabela 5.6.

Figura 5.18 – Curvas de DSC em atmosfera de oxigênio para as misturas do BMB (a) e BEB (b)

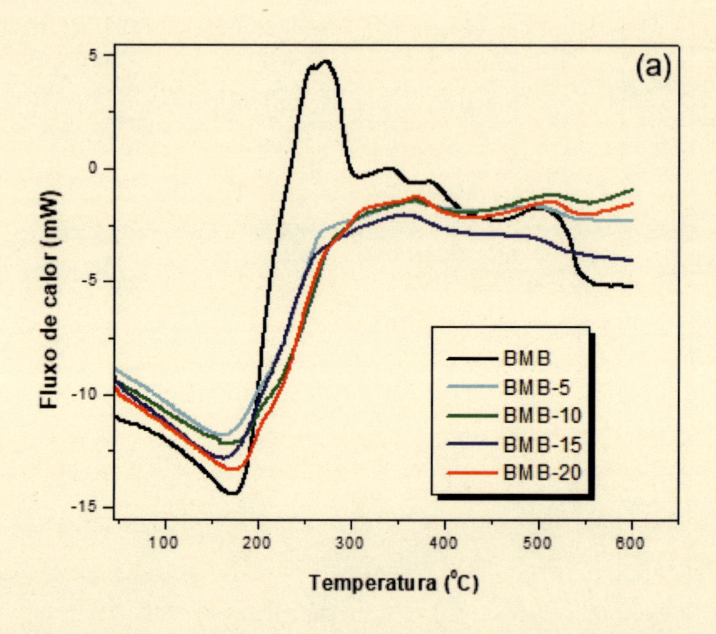

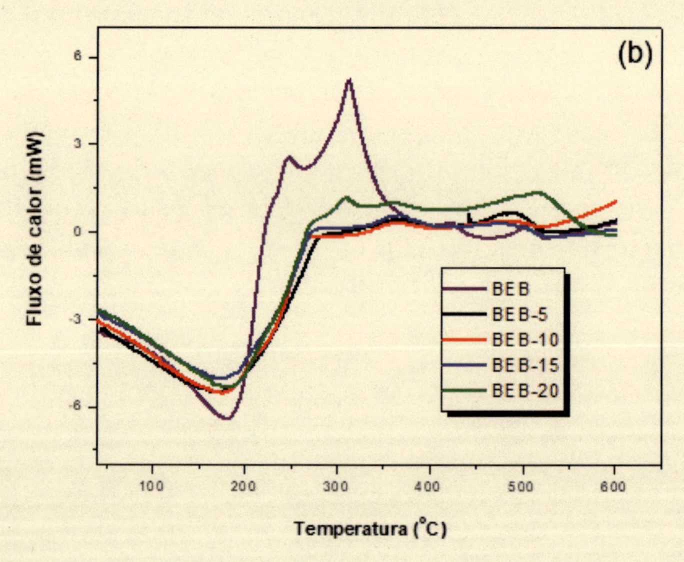

Fonte: os autores

Tabela 5.6 – Transições entálpicas para as misturas do BMB e do BEB

Mistura	1.ª Transição (°C)				2.ª Transição (°C)				3.ª Transição (°C)				4.ª Transição (ºC)			
	t_{inic}	t_{pico}	t_{fin}	$E(J.g^{-1})$	t_{inic}	t_{pico}	t_{fin}	$E(J.g^{-1})$	t_{inic}	t_{pico}	t_{fin}	$E(J.g^{-1})$	t_{inic}	t_{pico}	t_{fin}	$E(J.g^{-1})$
Biodiesel metílico																
BMB 05	41,8	161,3	248,3	340,8	252,1	278,3	316,3	17,8	319,2	257,7	412,3	15,2	437,9	501,8	540,9	13,0
BMB 10	45,0	172,7	250,1	400,2	254,7	285,1	315,7	14,9	318,5	366,8	410,1	15,1	452,8	506,5	553,8	15,14
BMB 15	51,2	165,6	259,6	420,1	263,3	283,2	312,5	13,5	325,3	352,0	408,0	52,0	433,3	485,4	530,3	10,6
BMB 20	57,0	176,2	263,7	454,8	266,4	287,8	316,4	14,1	335,9	369,3	430,8	16,8	457,2	514,1	552,3	18,4
Biodiesel etílico																
BEB 05	48,0	185,5	261,7	248,3	265,1	277,0	298,3	12,3	310,8	361,4	402,6	11,9	446,3	482,9	539,8	16,9
BEB 10	57,4	187,3	267,0	254,1	268,5	279,2	301,4	11,7	323,6	359,9	404,7	7,2	450,0	477,6	524,1	15,2
BEB 15	64,3	192,5	272,8	280,2	274,6	280,2	303,9	12,8	329,1	365,1	406,3	9,3	448,2	476,0	524,9	22,5
BEB 20	63,6	191,8	276,1	291,6	279,3	285,1	307,4	12,4	329,7	363,4	408,9	15,2	450,1	478,1	549,8	23,6

Fonte: os autores

As transições endotérmicas são atribuídas provavelmente à vaporização de ésteres e de hidrocarbonetos de menores massas moleculares. Os demais eventos estão associados à combustão das amostras. Neste conjunto comparativo de curvas observa-se que, para as misturas, a maior massa do diesel, com moléculas de 12 a 16 átomos de carbonos, faz a solvatação das moléculas de ésteres presentes em menor quantidade, o que permite o comportamento das curvas DSC das misturas semelhante à curva do diesel (Figura 5.19).

Figura 5.19 – Curva de DSC do diesel em atmosfera de ar sintético

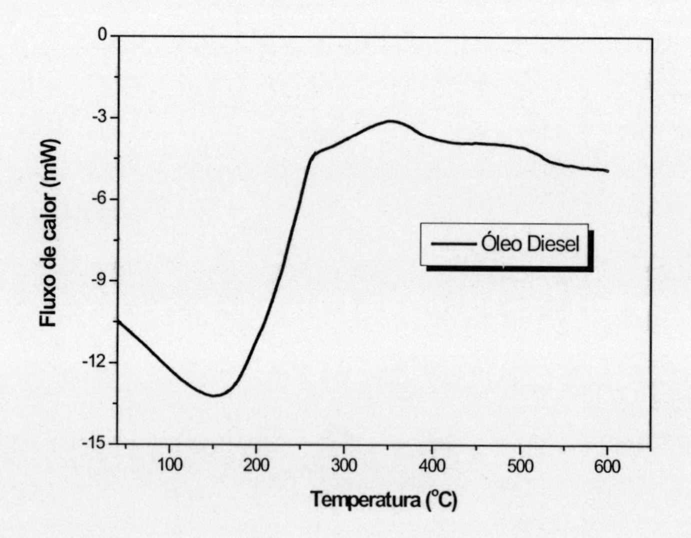

Fonte: os autores

5.5 Estudos de oxidação

5.5.1 Óleo de babaçu

A curva de P-DSC no modo dinâmico do óleo de babaçu é apresentada na Figura 5.20. A partir desta é possível determinar a temperatura de oxidação e avaliar a resistência do óleo aos processos oxidativos.

Embora o P-DSC seja uma técnica de oxidação acelerada, ele fornece informações que podem servir como referencial para fins de armazenamento e transporte, visto que comumente a oxidação natural é mais lenta.

Observa-se na curva de P-DSC do óleo de babaçu que o início da oxidação térmica ocorre em torno de 145 °C, provavelmente com a fragmentação das moléculas de triacilglicerídeos. A formação dos demais produtos de oxidação pode gerar moléculas poliméricas cuja decomposição ocorre em temperaturas mais elevadas, caracterizando as demais etapas do processo (propagação e terminação). Acima de 250 °C nota-se que ocorreu a formação do gel polimérico, ou seja, a goma. Essas informações aliadas às de cromatografia gasosa, que indica a composição predominantemente saturada da mistura de triacilglicerídeos que compõem o óleo, indicam que este possui boa resistência à oxidação.

Figura 5.20 – Curva de P-DSC do óleo de babaçu em atmosfera de oxigênio

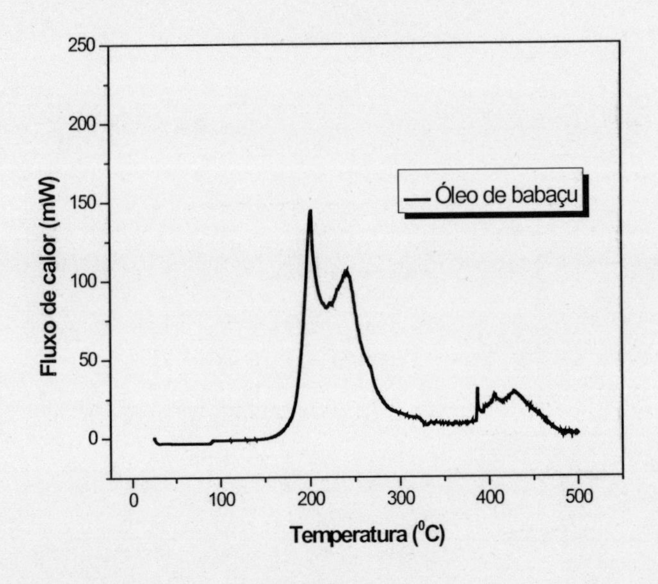

Fonte: os autores

5.5.2 Biodiesel metílico e etílico

As informações referentes aos processos oxidativos indicaram que as amostras de biodiesel metílico e etílico possuem significante resistência à oxidação. Nas análises de P-DSC isotérmicas, observou-se que o tempo de indução oxidativa (OIT) para o BMB e BEB foi superior a 20 horas a 140 °C (Figura 5.21 [a]). Isso significa que durante este período não foi observada nenhuma liberação de energia em relação à linha base do fluxo de calor. Nos experimentos de P-DSC dinâmicas, observou-se que a resistência à oxidação do biodiesel metílico e etílico ocorre até 140 °C, e que as temperaturas de picos do processo oxidativo ocorrem em 180 °C para o BMB e 170 °C para BEB, conforme mostra a Figura 5.21 (b). Estes resultados indicam que o BMB é ligeiramente mais estável à oxidação do que o BEB, e também corroboram as informações de composição química das amostras de biodiesel obtidas por cromatografia gasosa, a qual indica a predominância dos ésteres saturados.

Figura 5.21 – Curvas de P-DSC isotérmicas (a) e dinâmicas (b) para o BMB e BEB em atmosfera de oxigênio

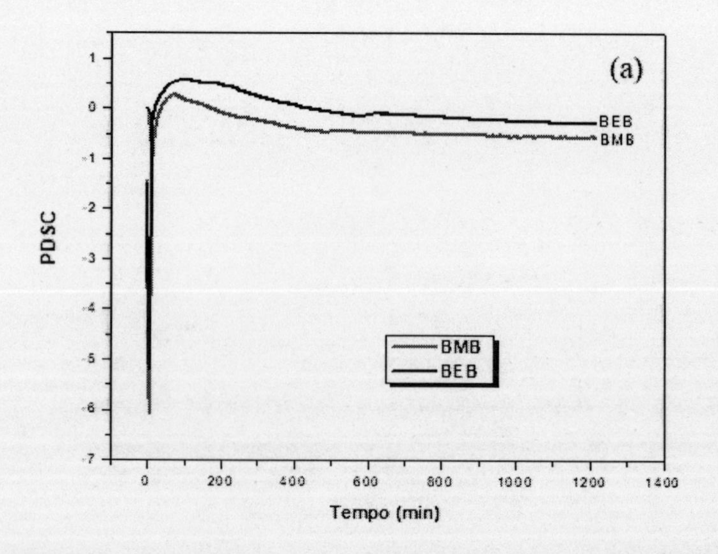

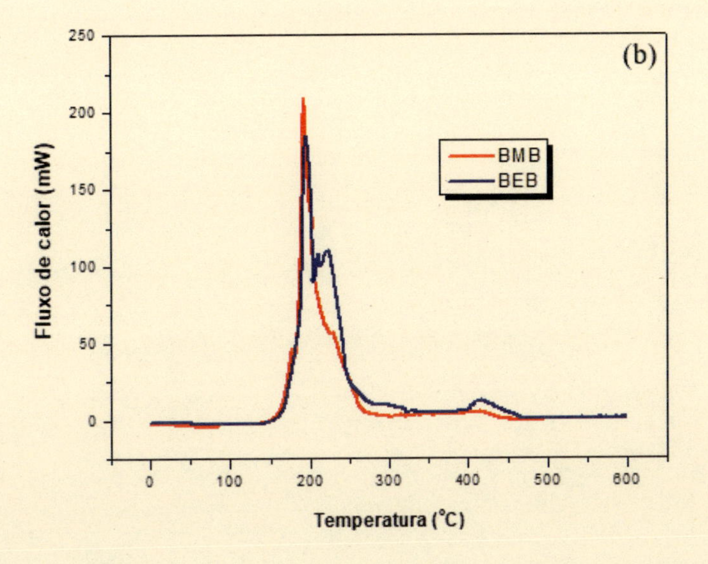

Fonte: os autores

Na curva de Rancimat do BMB (Figura 5.22), observa-se que, no período de 30 minutos de análise, a condutividade elétrica da água deionizada alcança o valor de 65 $\mu S.cm^{-1}$. Este fato evidência a vaporização e arraste de moléculas de ésteres menores para a água, como o caprilato e caproato de metila, os quais são hidrolisados aos ácidos carboxílicos correspondentes e metanol. A vaporização e hidrólise dos ésteres pode ser corroborada pelo aspecto uniforme da curva, pelo aumento de condutividade elétrica da água e pelas informações de P-DSC isotérmicas, que indicaram que o tempo de indução oxidativa (OIT) é superior a 20 horas. Na análise de P-DSC a amostra é mantida sob pressão, fato que impede a vaporização dos ésteres.

As reações oxidativas com formação de produtos mais polares indicam acontecer após 9 horas de análise, o que pode ser justificado pela ligeira inflexão da curva. Com maiores teores de produtos de oxidação, a condutividade elétrica da água atinge valores superiores a 170 $\mu S.cm^{-1}$. Supõe-se que, a partir desse tempo de análise, a molécula do BMB perca resistência à oxidação.

Figura 5.22 – Curva de Rancimat do BMB em atmosfera de oxigênio

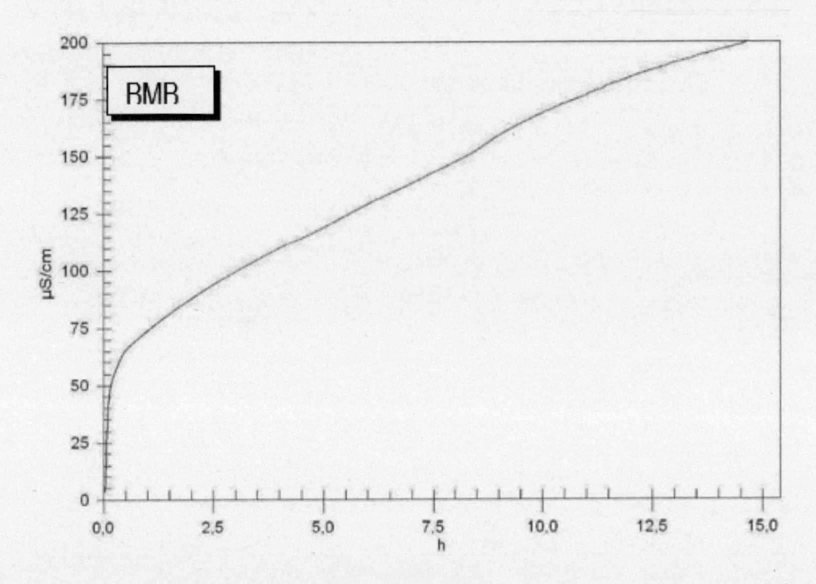

Fonte: os autores

Na análise de Rancimat para o BEB, conforme mostra a Figura 5.23, é evidenciada uma curva com inclinação que indica uma razão quase que constante entre o aumento da condutividade elétrica da água e o tempo de análise. Verifica-se que a condutividade de 100 $\mu S.cm^{-1}$, tomada como referência, só foi alcançada após o período de 7,5 h, superior, portanto, ao tempo necessário para atingir a mesma condutividade na análise do BMB. Esta necessidade de maior tempo pode ser justificada devido aos ácidos carboxílicos obtidos a partir da hidrólise dos ésteres etílicos serem mais densos, menos voláteis e menos solúveis em água que os seus homólogos metílicos e também devido a menor solubilidade do etanol na água que o metanol.

Figura 5.23 – Curva de Rancimat do BEB em atmosfera de oxigênio

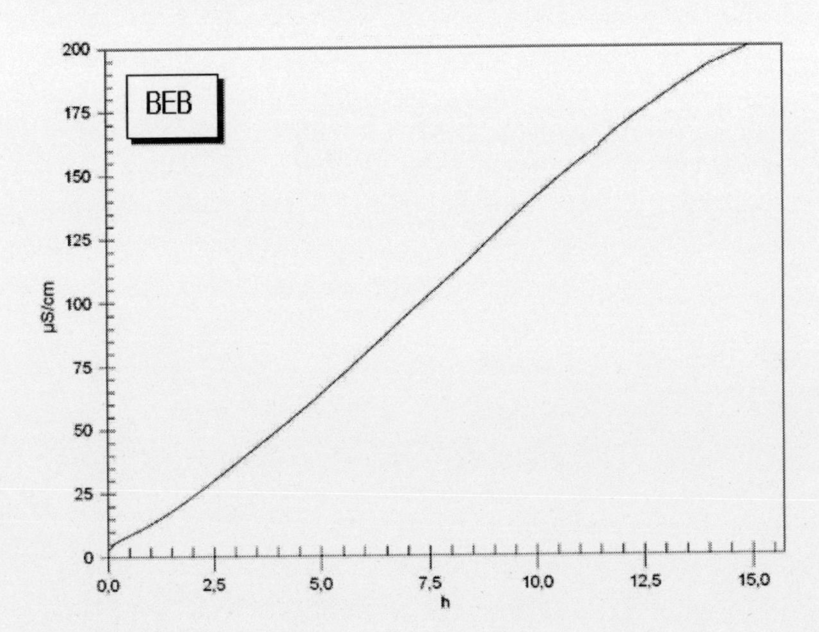

Fonte: os autores

De acordo com as evidências das análises de Rancimat e P-DSC e das informações obtidas sobre a composição química do óleo de babaçu dadas por cromatografia gasosa, pode-se concluir que o biodiesel de babaçu possui boa resistência à oxidação e atende as especificações da ANP para o teste de estabilidade oxidativa. Contudo, para fins conclusivos, sugere-se o teste petroOXY, pois nestas análises os resultados incluem tanto os produtos voláteis quantos os não voláteis de oxidação.

5.6 Comportamento do biodiesel e misturas durante a fusão e solidificação

As curvas de TMDSC do BMB e do BEB, em atmosfera de N_2, conforme Figura 5.24(a) e (b), mostram nas análises reversíveis e irreversíveis a ocorrência de um evento endotérmico e outro exotérmico pronunciado, os quais são referentes, respectivamente, à fusão e ao congelamento das amostras; porém, esses eventos são mais definidos para o BMB, o que indica que o BMB possui um arranjo molecular mais organizado que o BEB. As temperaturas de cristalização observadas para o BMB e BEB foram respectivamente -4 e 8 °C, dados bem próximos dos valores de temperatura observados para o ponto de entupimento de filtro a frio, que foram -3 °C para o BMB e 9 °C para o BEB. A temperatura mais elevada para o BEB pode ser justificada pelo aumento da cadeia carbônica dos ésteres etílicos.

Figura 5.24 – Curvas de TMDSC para o BMB (a) e BEB (b) em atmosfera de nitrogênio

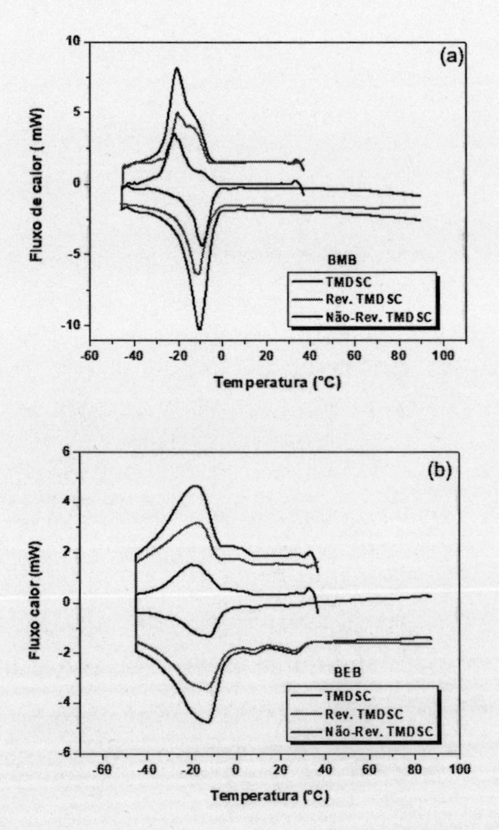

Fonte: os autores

As curvas TMDSC de resfriamento e aquecimento, das misturas do BMB e BEB, estão apresentadas nas Figuras 5.25 (a) e (b) e nas Figuras 5.26 (a) e (b). As temperaturas de fusão e de cristalização (início da solidificação), definida como temperatura *on set,* durante o processo de resfriamento (PIERRE *et al.*, 1986) estão disponibilizadas na Tabela 5.7.

Figura 5.25 – Curvas de TMDSC de resfriamento para as misturas do BMB (a) e BEB (b)

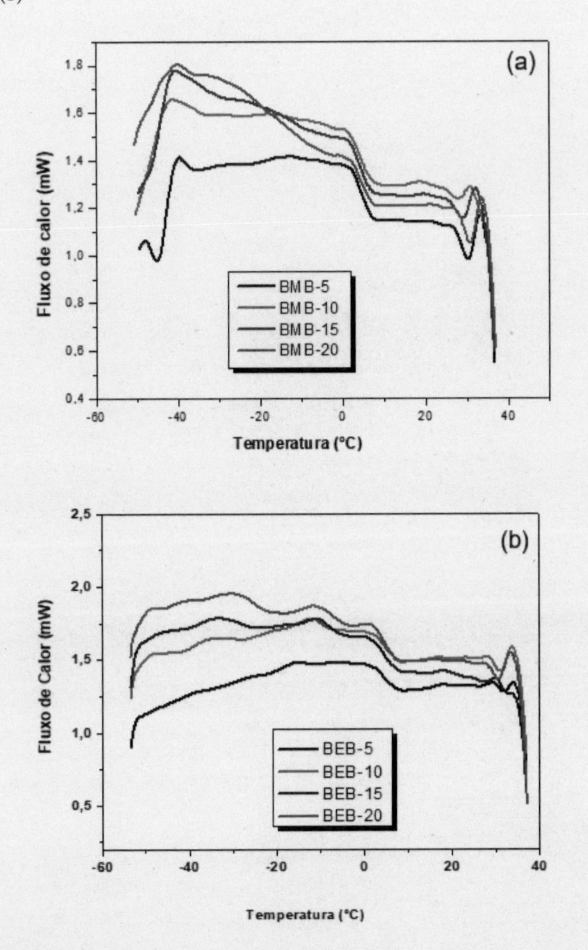

Fonte: os autores

Figura 5.26 – Curvas de TMDSC de aquecimento para as misturas do BMB (a) e BEB (b)

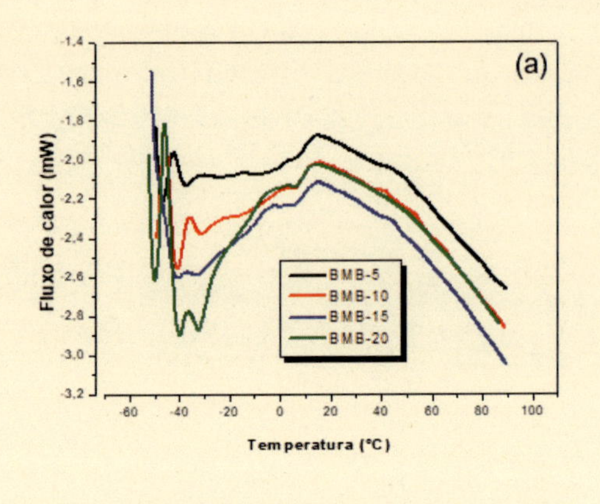

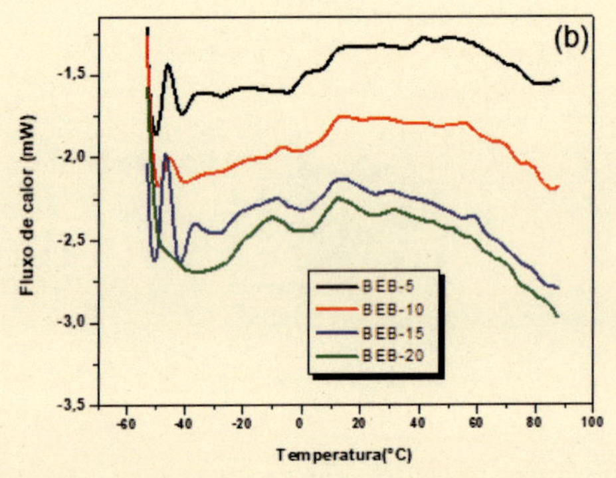

Fonte: os autores

Tabela 5.7 – Temperaturas de cristalização (T_C) e fusão (T_f) das misturas do BMB e BEB

Amostras BMB	T_C (°C)	T_f (°C)	Amostra BEB	T_C (°C)	T_f (°C)
BMB-5	7	-38	BEB-5	26	-4
BMB-10	7	-32	BEB-10	26	-4
BMB-15	7	-33	BEB-15	26	-28
BMB-20	7	-33	BEB-20	26	-35

Fonte: os autores

As baixas temperaturas de fusão e de cristalização das misturas indicam a existência de fracas forças atrativas entre as moléculas, porém estas são mais elevadas que as temperaturas dos biodieseis puros, o que se justifica pelo aumento de densidade relacionado à presença do diesel.

Capítulo 6

CONCLUSÕES

1. Os resultados da caracterização físico-química do óleo de babaçu evidenciaram um bom estado de conservação, sendo assim apropriado para o uso na obtenção de biodiesel, sem a necessidade de tratamento prévio.

2. Os ensaios de caracterização físico-química das amostras de biodiesel metílico e etílico indicaram que os parâmetros analisados estavam dentro dos limites permitidos pelo regulamento técnico n.º 1/2008, anexo à Resolução 7/2008 da Agência Nacional de Petróleo, Gás Natural e Biocombustíveis (ANP).

3. As informações obtidas por cromatografia gasosa e por espectrometria de Ressonância Magnética Nuclear confirmaram a composição química predominantemente saturada dos ésteres de ácidos graxos que formam o biodiesel.

4. Verificou-se pelas curvas de TG/DTG que, em atmosfera de ar, o óleo de babaçu apresentou estabilidade térmica superior aos BMB, BEB e misturas com o diesel. No óleo, o início da decomposição ocorreu em 209,3 °C, enquanto os BMB e BEB permaneceram estáveis até 90 e 86 °C, respectivamente. Para as misturas do BMB, o início da decomposição ocorreu em torno de 22,7 °C, e para as misturas do BEB em torno de 51,0 °C.

5. As curvas de DSC do BMB, do BEB e das misturas com o diesel exibiram perfis calorimétricos distintos. As amostras de biodiesel puro apresentaram cinco transições entálpicas, enquanto as misturas quatro. A primeira transição foi do

tipo endotérmica, tanto para o BMB, BEB quanto para suas misturas, e está associada provavelmente à volatilização de ésteres e hidrocarbonetos de menores pesos moleculares. As demais transições foram do tipo exotérmicas, o que sugere a combustão das amostras.

6. As temperaturas de cristalização para o BMB e BEB, obtidas por TMDSC, apresentaram resultados compatíveis com os valores encontrados para o ponto de entupimento de filtro a frio (PEFF). Este ponto corresponde a -3 °C encontrados para o BMB, que está de acordo com as especificações da ANP e indica que este biodiesel pode ser utilizado em qualquer região do país.

7. Quanto à estabilidade oxidativa, as análises de P-DSC não isotérmicas indicaram que o BMB é mais estável à oxidação que o BEB. A temperatura inicial do processo oxidativo foi em torno de 140 °C para ambas as amostras de biodiesel, e as temperaturas que caracterizam as etapas de propagação e terminação da oxidação ocorreram em 180 °C para o BMB e 170 °C para o BEB.

8. As análises de Rancimat indicaram que as reações de oxidação do biodiesel de babaçu parecem acontecer após 8 horas de análises, tempo superior ao exigido pela ANP, que é de no mínimo 6 horas. Conforme observado, a técnica de P-DSC forneceu maiores informações sobre a estabilidade oxidativa do biodiesel de babaçu, visto que foi possível determinar a temperatura de oxidação, dado importante para definir as melhores condições de armazenamento e tempo de vida de prateleira para o produto.

REFERÊNCIAS

ABREU, F. R. *et al.* Utilization of metal complexes as catalysts in the transesterification of Brasilian vegetable oils with different alcohols. *Journal of Molecular Catalysis*, [*s. l.*], v. 209, n. 1-2, p. 29-33, 2004.

ANP – AGÊNCIA NACIONAL DE PETRÓLEO, GÁS NATURAL E BIOCOMBUSTÍVEL. Resolução n.º 7, de 19 de março de 2008. Anexo: Regulamento Técnico nº 01/2008. *Diário Oficial da União*, Brasília, 20 mar. 2008.

ANTONIASSI, R. Métodos de avaliação de estabilidade oxidativa de óleos e gorduras. *Boletim do Centro de Pesquisa e Processamento de Alimentos* (CEPPA), Curitiba, v. 19, n. 2, p. 353-380, 2001.

ANVISA – Agencia Nacional de Vigilância Sanitária, Ministério da Saúde, 2003. Resolução n.º 483, de 23 de setembro de 1999. Disponível em: www.anvisa.gov.br/ Acesso em: 12 set. 2006.

BARBOSA, S. L. *et al.* Catalisadores ácidos de fase sólida em reações de esterificação. *In*: REUNIÃO ANUAL DA SOCIEDADE BRASILEIRA DE QUÍMICA, 29., 2005, Águas de Lindoia. *Anais* [...]. São Paulo: SBQ, 2005.

BRANDÃO, K. S. R. *et al.* Otimização do processo de produção de biodiesel metílico e etílico de babaçu. *In*: CONGRESSO DA REDE BRASILEIRA DE TECNOLOGIA DE BIODIESEL, 1., 2006, Brasília, DF. *Artigos Técnicos-científicos* [...]. Brasília: [*s. n.*], 2006. v. 1, p. 119-126.

BRASIL. Ministério do Desenvolvimento, Indústria e Comércio Exterior. Secretaria de Tecnologia Industrial. *Produção de combustíveis líquidos a partir de óleos vegetais*. Brasília: STI/CIT, 1985.

BRUICE, P. Y. *Química orgânica*. 4. ed. São Paulo: Pearson Prentice Hall, 2006. v. 2.

CANAKCI, M.; GERPEN, J. V. Biodiesel production from oils and fats with high free fatty acids. *Transactions of the ASAE*, [*s. l.*], v. 44, n. 6, p. 1429-1436, 2001.

CANDEIA, R. A. *et al.* Thermal and rheological behavior of diesel and methanol biodiesel blends. *Journal of Thermal Analysis and Calorimetry*, [*s. l.*], v. 87, p. 653-656, 2007.

CECCHI, H. M. *Fundamentos teóricos e práticos em análise de alimentos*. 2. ed. Campinas: Unicamp, 2003.

CONCEIÇÃO, M. M. *et al.* Dinamic kinetic calculation of castor oil biodiesel. *Journal of Thermal Analysis and Calorimetry*, [*s. l.*], v. 87, p. 865-869, 2007.

DANTAS, M. B. *et al.* Characterization and kinetic compensation effect of corn biodiesel. *Journal of Thermal Analysis and Calorimetry*, [*s. l.*], v. 87, p. 847-851, 2007.

DANTAS, H.J.; SOUZA.; A.G.; CONCEIÇÃO, M.M. *Estudo Termoanalítico, Cinético e Reológico de Biodiesel Derivado do Óleo de Algodão (Gossypium Hisut)*. Dissertação (Mestrado em Química) – Centro de Ciências Exatas e da Natureza, Departamento de Química, Programa de Pós-Graduação em Química, Universidade Federal da Paraíba, João Pessoa. 2006.

DUNN, R. O. Oxidative stability of biodiesel by dinamic mode pressurized differential scanning calorimetry (P-DSC). *Transactions of the ASABE*, [*s. l.*], v. 49, n. 5, p. 1633-1641, 2006.

EUROPEAN STANDARD EN 14112. *Fatty acid methyl esters (FAME)* – Determination of oxidation stability (accelerated oxidation test). Brussels: European Committee for Standardization, 2003.

EYCHENNE, V.; MOULOUNGUI, Z.; GASET, A. Thermal behavior of neopentylpolyol esters: comparison between determination by TGA-DTA and flash point. *Thermochimica Acta*, [*s. l.*], v. 320, n. 1-2, p. 201-208, 1998.

FELSNER, M. L.; MATOS, J. R. Análise da estabilidade térmica e temperatura de oxidação de óleos comestíveis comerciais por termogravimetria. *Anais da Associação Brasileira de Química*, [*s. l.*], v. 47, n. 4, p. 308-318, 1998.

GALVÃO, L. P. F. C. *Avaliação termoanalítica da eficiência de antioxidantes na estabilidade oxidativa do biodiesel de mamona*. 2007. 159 f. Dissertação

(Mestrado em Química) – Universidade Federal do Rio Grande do Norte, Natal, 2007.

GARCÍA-MESA, J. A.; CASTRO, M. D. L.; VALCÁRCEL, M. Factors affecting the gravimetric determination of the oxidative stability of oils. *Journal of the American oil Chemists' Society*, [*s. l.*], v. 70, p. 245-247, 1993.

GARDNER, R.; KASI, S.; ELLIS, E. M. Detoxication of the environmental pollutant acrolein by a rat liver aldo-keto reductase. *Toxicology Letter*, [*s. l*,], v. 148, n. 1-2, p. 65-72, 2004.

HALLWALKAR, V. R.; MA, C. Y. *Thermal analysis of food*. Londres: Elsevier Science, 1990.

IBGE – INSTITUTO BRASILEIRO DE GEOGRAFIA E ESTATÍSTICA. *Produção da extração vegetal e silvicultura*. Brasília: IBGE, 2006.

IONASHIRO, M; GIOLITO, I. Nomenclatura, padrões e apresentação dos resultados em análise térmica. *Cerâmica*, [*s. l.*], v. 26, n. 121, p. 17-24, 1980.

INTERNATIONAL UNION OF PURE AND APPLIED CHEMISTRY; PAQUOT, C.; HAUTFENNE, A. *SMAOFD* - Standard methods for the analysis of oils, fats and derivatives. 7. ed. Oxford; Boston: Blackwell Scientific Publications, 1987.

KNOTHE, G. Dependence of biodiesel fuel properties on the structure of fatty acid alkyl esters. *Fuel Processing Techonology*, [*s. l.*], v. 86, n. 10, p. 1059-1070, 2005.

LACERDA, F. B. *et al*. Otimização das condições reacionais do processo de produção de biodiesel etílico a partir do óleo de babaçu (*Orbignya martiana*). *In*: ENCONTRO NACIONAL DOS ESTUDANTES DE QUÍMICA, 24., 2005, São Luís. *Anais* [...]. São Luís: [*s. n.*], 2005.

LIMA, J. R. O; SILVA, R. B.; SILVA, C. M. Biodiesel de babaçu (*Orbignya sp.*) obtido por via etanólica. *Química Nova*, [*s. l.*], v. 30, n. 3, p. 600-603, 2007.

MA, F.; HANNA, M. A. Biodiesel production: a review. *Bioresource Technology*, [*s. l.*], v. 70, n. 1, p. 1-15, 1999.

MAY, P. H. *Palmeiras em chamas*: transformações agrárias e justiça social na zona do babaçu. São Luís: EMAPA/FINEP: Fundação Ford, 1990.

MELO, Patricia Gontijo de. *Produção e caracterização de biodieseis obtidos a partir da oleaginosa macaúba (Acrocomia aculeata)*. Dissertação de Mestrado. Universidade Federal de Uberlândia, Uberlândia, 2012. 2012. 93 f

MENEGHETTI, S. M. P. *et al.* Ethanolysis of castor and cottonseed oil: a systematic study using classical catalysts. *JAOCS,* [*s. l.*], v. 83, n. 9, p. 819-822, 2006.

MORETTO, E.; FETT, R. *Tecnologia de óleos e gorduras vegetais na indústria de alimentos*. Florianópolis: Ed. UFSC, 1998.

MOTHÉ, C. G.; AZEVEDO, A. D. *Análise térmica de materiais*. São Paulo: I Editora, 2002.

MOTHÉ, C. G. *et al.* Otimização da produção de biodiesel a partir de óleo de mamona. *Revista Analytica,* [*s. l.*], n. 19, p. 40-44, 2005.

NASCIMENTO, U. M. *et al. Caracterização físico*-química e térmica do biodiesel metílico de pequi (*Caryocar Coriaceum seed oil)*. São Paulo: Associação Brasileira de Análise Térmica e Calorimetria, 2007.

PARENTE, E. J. S. *Biodiesel*: uma aventura tecnológica num país engraçado. 2003. Disponível em: http://www.tecbio.com.br/artigos/Livro-Biodiesel.pdf. Acesso em: 12 set. 2006.

PETER, S. K. F. *et al.* Alcoholysis of triacylglycerols by heterogeneous catalysis. *European Journal of Lipid Science and Technology,* [*s. l.*], v. 104, n. 6, p. 324-330, 2002.

PIERRE, C. *et al.* Diesel fuels: determination of onset crystallization temperature, pour point and cold filter plugging point by differential scanning calorimetry. Correlation with standard test methods. *Fuel,* [*s. l.*], v. 65, n. 6, p. 861-864, 1986.

POUSA, G. P. A. G.; SANTOS, A. L. F.; SUAREZ, P. A. Z. History and policy of biodiesel in Brazil. *Energy Policy,* [*s. l.*], v. 35, p. 5393-5398, 2007.

PULLEN J.; KHIZER S. An overview of biodiesel oxidation stability. *Renewable and Sustainable Energy Reviews*. [*s. l.*], v. 16, p. 5924-595, 2012.

RAMALHO, V. C.; JORGE, N. Antioxidantes utilizados em óleos, gorduras e alimentos gordurosos. *Química Nova*, [*s. l.*], v. 29, n. 4, p. 755-760, 2006.

RAMOS, L. P.; ZANGONEL, G. F. Produção de biocombustíveis ao óleo diesel através da transesterificação de óleos vegetais. *Revista de Química Industrial*, Rio de Janeiro, v. 717, p. 17-26, 2001.

SANTOS, N. A. *Propriedades termo-oxidativas e de fluxo de Biodiesel de Babaçu (Orbignya phalerata)*. 2008. 129 f. Dissertação (Mestrado em Química) – Universidade Federal da Paraíba, João Pessoa, 2008.

SANTOS, N. A. *et al*. Thermogravimetric and calorimetric evaluation of babassu biodiesel obtained by the methanol route. *Journal of Thermal Analysis and Calorimetry*, [*s. l.*], v. 87, p. 649-652, 2007.

SHARMA, B. K.; STIPANOVIC, A. J. Development of a new oxidation stability test method for lubrificating oils using high-pressure differential scanning calorimetry, *Thermochimica Acta*, [*s. l.*], v. 402, n. 1-2, p. 1-18, 2003.

SHEN, L.; ALEXANDER, K. S. A thermal analysis study of long chain fatty acids. *Themochimica Acta*, [*s. l.*], v. 340-341, p. 271-278, 1999.

SILVERSTEIN, R. M.; WEBSTER, F. X.; KIEMLE, D. J. *Identificação espectrométrica de compostos orgânicos*. 7. ed. Rio de Janeiro: LTC, 2007.

SKOOG, D. A.; HOLLER, F. J.; NIEMAN, T. A. *Principles of instrumental analysis*. 5. ed. New York: Saunders, 1998.

SMOUSE, T. H. Factors affecting oil quality and stability. *In:* WARNER, K.; ESKIN, N. A. M. *Methods to assess quality and stability of oils and fat-containing foods*. New York: AOCS, 1995. p. 146-158.

SOLER, M. P.; MUTO, E. F.; VITALI, A. A. Tecnologia de quebra do coco babaçu (*Orbignya speciosa*). *Ciência e Tecnologia de Alimentos*, Campinas, v. 27, n. 4, p. 717-722, 2007.

SOUZA, A. G. *et al.* Thermal and kinetic evaluation of cotton oil biodiesel. *Journal of Thermal Analysis and Calorimetry*, [*s. l.*], v. 90, p. 945-949, 2007.

SUAREZ, P. A. Z. *et al.* Transformação de triglicerídeos em combustíveis, materiais poliméricos e insumos químicos: algumas aplicações da catálise na oleoquímica. *Química Nova*, [*s. l.*], v. 30, n. 3, p. 667-676, 2007.

TEIXEIRA, M. A. Heat and power demands in babassu palm oil extraction industry in Brazil. *Energy Conversion and Management*, [*s. l.*], v. 46, n. 13-14, p. 2068-2074, 2005.

TEIXEIRA, M. A.; CARVALHO, M. G. Regulatory mechanism for biomass renewable energy in Brazil, a case study of the Brazilian Babassu oil extraction industry. *Energy*, [*s. l.*], v. 32, n. 6, p. 999-1005, 2007.

WENDHAUSEN, P. A. P.; RODRIGUES, G. V.; MARCHETTO, O. *Análises térmicas*. Apostila técnica. Florianópolis: UFSC, 2004.

YUAN, W.; HANSEN, A. C.; ZHANG, Q. Vapor pressure and normal boiling point predictions for pure methyl esters and biodiesel fuels. *Fuel*, [*s. l.*], v. 84, n. 7-8, p. 943-950, 2005.